MATLAB
与数学实验

第2版

艾冬梅　李艳晴　张丽静　刘 琳◎编著

机械工业出版社
China Machine Press

图书在版编目（CIP）数据

MATLAB 与数学实验 / 艾冬梅等编著 . —2 版 . —北京：机械工业出版社，2014.6（2022.1 重印）

ISBN 978-7-111-46560-7

I. M… II. 艾… III. Matlab 软件 – 应用 – 高等数学 – 实验 IV. ① O13-33 ② O245

中国版本图书馆 CIP 数据核字（2014）第 088447 号

　　本书主要是为理工科院校各专业学生学习数学实验课程编写的教材，内容主要分为三大部分，首先介绍 MATLAB 基础知识和主要命令，然后介绍 MATLAB 在高等数学、线性代数以及概率论和数理统计中的应用，最后结合实际问题给出了 5 个综合实验 . 读者在学习了本书之后，能很快掌握 MATLAB 软件的主要功能，并能用 MATLAB 解决实际中遇到的问题 .

　　本书可以作为高等学校各专业专科生、本科生、研究生及工程技术人员学习 MATLAB 或数学实验课的教材和参考书 .

出版发行：机械工业出版社（北京市西城区百万庄大街 22 号　邮政编码：100037）

责任编辑：迟振春　　　　　　　　　　　　　　　责任校对：董纪丽

印　　刷：三河市宏图印务有限公司　　　　　　　版　　次：2022 年 1 月第 2 版第 12 次印刷

开　　本：186mm×240mm　1/16　　　　　　　　印　　张：14

书　　号：ISBN 978-7-111-46560-7　　　　　　　定　　价：30.00 元

凡购本书，如有缺页、倒页、脱页，由本社发行部调换

客服热线：（010）88378991　88361066　　　　　　投稿热线：（010）88379604

购书热线：（010）68326294　88379649　68995259　　读者信箱：hzjsj@hzbook.com

版权所有·侵权必究

封底无防伪标均为盗版

本书法律顾问：北京大成律师事务所　韩光 / 邹晓东

前　言

　　数学教学在整个人才的培养过程中至关重要．从小学到初中，再到大学乃至更高层次的科学研究都离不开数学．如今，人们对数学提出了更高的要求，越来越重视知识的应用性，越来越关心学生的实际操作和知识的运用能力．

　　不断提高学生创新能力和应用能力的培养，加强实践教学环节是当前高等工科数学教学改革的核心内容，也是 21 世纪工科数学课程教学内容和课程体系改革的亮点．当前飞速发展的计算机技术和不断研发的计算软件为学生在课堂中将所学的数学理论知识应用于实践提供了实验平台．在这种背景下，数学实验课程应运而生．数学实验将经典的数学知识、数学建模和计算机应用三者有机地结合在一起，使学生深入理解数学基本概念、基本理论，熟悉常用数学软件，这样既培养了学生进行数值计算和数据处理的能力，也培养了学生应用数学知识建立数学模型、解决实际问题的能力，同时使学生真正做到"学数学，用数学"，从而激发学生学习数学的兴趣，充分发挥学生的学习潜能．

　　我们开设数学实验课程已经有十余年的时间，对数学实验的认识也是一步步摸索过来，并且收到了不错的教学效果．学生学习数学实验后不再觉得数学课程是那么深奥抽象和难以理解，数学中一些抽象的问题可以用数学软件形象地演示出来，大大提高了学生的学习兴趣．利用数学实验建模的思想，学生可以从实际问题出发，经过分析研究，建立简单数学模型，再借助于先进的计算机技术，最终找出解决问题的一种或多种方案，这为学生参加数学竞赛和数学建模竞赛打下了坚实的软件基础，培养了扎实的数学应用能力，同时也为学生更高层次的学习和工作打下一定的实践基础．

　　本书内容分为三大部分，首先介绍 MATLAB 的基础知识和主要命令，使读者在最短的时间内了解 MATLAB，并能够使用 MATLAB 数学软件解决实际遇到的一些简单问题．然后介绍了 MATLAB 在高等数学、线性代数以及概率论和数理统计中的应用，其中穿插了一些数学方法的介绍，使学生了解数学建模的思想．最后结合实际问题给出了 5 个综合实验，把相对枯燥的数学问题与实际问题结合起来，其中部分实验后面附有具有实际意义的思考问题，供读者练习、巩固所学知识．本书的编排采用便于自学的方式，教师可以采用教学结合自学的方式进行教学，各专业也可以根据自己的学时数来进行取舍．

　　本书可作为高等学校各专业专科生、本科生、研究生及工程技术人员学习 MATLAB 数学软件的教材参考书，也可作为数学实验课程的教材或者是在高等数学、线性代数、概率论与数理统计课程中加入数学实验内容的配套教材．

　　教材中使用的数学软件以 7.3 版本为准，书中的程序均在个人计算机中调试通过．由于时间仓促，书中定有许多不足之处，恳请各位读者多提宝贵意见，给予指正，编者在此表示感谢！

　　本书在编写过程中得到了北京科技大学范玉妹教授、张志刚副教授以及李晔、吕国才、朱靖等各位老师的大力支持和帮助，在此我们一并表示衷心的感谢！

编　者

2014 年 3 月

目　　录

MATLAB 概述

第 1 章

1.1 MATLAB 7.3 简介

MATLAB 是 Matrix Laboratory 的缩写，是目前最优秀的科技应用软件之一，它将计算、可视化和编程等功能同时集于一个易于开发的环境．MATLAB 是一个交互式开发系统，其基本数据要素是矩阵．它的表达式与数学、工程计算中常用的形式十分相似，适合于专业科技人员的思维方式和书写习惯；它用解释方式工作，编写程序和运行同步，键入程序立即得到结果，因此人机交互更加简洁和智能化；而且 MATLAB 可适用于多种平台，随着计算机软、硬件的更新而及时升级，使得编程和调试效率大大提高．

MATLAB 主要应用于数学计算、系统建模与仿真、数学分析与可视化、科学工程绘图和用户界面设计等．它已经成为高等数学、线性代数、自动控制理论、数理统计、数字信号处理等课程的基本工具，各国高校也纷纷将 MATLAB 正式列入本科生和研究生课程的教学计划中，成为学生必须掌握的基本软件之一．在设计和研究部门，MATLAB 也被广泛用来研究和解决各种工程问题．本书将以 MATLAB 7.3 平台为基础进行介绍．

1.1.1 MATLAB 系统结构

MATLAB 系统由 MATLAB 开发环境、MATLAB 语言、MATLAB 数学函数库、MATLAB 图形处理系统和 MATLAB 应用程序接口（API）5 大部分组成．

1）MATLAB 开发环境是一个集成的工作环境，包括 MATLAB 命令窗口、文件编辑调试器、工作空间、数组编辑器和在线帮助文档等．

2）MATLAB 语言具有程序流程控制、函数、数据结构、输入输出和面向对象的编程特点，是基于矩阵/数组的语言．

3）MATLAB 的数学函数库包含了大量的计算算法，包括基本函数、矩阵运算和复杂算法等．

4）MATLAB 图形处理系统能够将二维和三维数组的数据用图形表示出来，并可以实现图像处理、动画显示和表达式作图等功能．

5）MATLAB 应用程序接口使 MATLAB 语言能与其他编程语言进行交互．

1.1.2 MATLAB 工具箱

MATLAB 工具箱（Toolbox）是一个专业家族产品．工具箱实际上是 MATLAB 的 M 文件和高级 MATLAB 语言的集合，用于解决某一方面的专门问题或实现某一类的新算法．MATLAB 的工具箱可以任意增减，给不同领域的用户提供了丰富而强大的功能．每个人都可

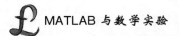

以生成自己的工具箱，因此很多研究成果被直接做成 MATLAB 工具箱发布，而且很多免费的 MATLAB 工具箱可以直接从网上获得.

MATLAB 常用工具箱如表 1-1 所示.

表 1-1　MATLAB 常用工具箱

分　　类	工　具　箱
控制类	控制系统工具箱（Control System Toolbox）
	系统辨识工具箱（System Identification Toolbox）
	神经网络工具箱（Neural Network Toolbox）
	模糊逻辑工具箱（Fuzzy Logic Toolbox）
	模型预测控制工具箱（Model Predictive Control Toolbox）
	频域系统辨识工具箱（Frequency Domain System Identification Toolbox）
	鲁棒控制工具箱（Robust Control Toolbox）
信号处理类	信号处理工具箱（Signal Processing Toolbox）
	小波分析工具箱（Wavelet Toolbox）
	通信工具箱（Communication Toolbox）
	滤波器设计工具箱（Filter Design Toolbox）
应用数学类	优化工具箱（Optimization Toolbox）
	偏微分方程工具箱（Partial Differential Equation Toolbox）
	统计工具箱（Statistics Toolbox）
其他	符号数学工具箱（Symbolic Math Toolbox）
	图像处理工具箱（Image Processing Toolbox）

1.2　MATLAB 7.3 工作环境

MATLAB 既是一种计算机语言，又是一个编程环境. 本节将介绍 MATLAB 提供的方便用户输入输出数据、管理变量以及 M 文件编写运行的环境.

MATLAB 7.3 启动后的运行界面称为 MATLAB 的工作界面（MATLAB Desktop）. 它是一个高度集成的工作界面，主要由菜单、工具栏、当前工作目录窗口、工作空间浏览器窗口、命令历史窗口和命令窗口等组成. MATLAB 7.3 默认的工作界面如图 1-1 所示.

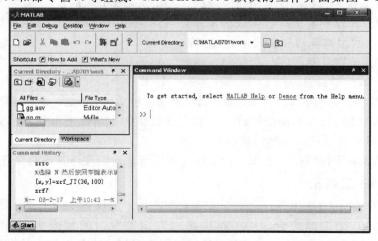

图 1-1　MATLAB 工作界面

1.2.1　菜单和工具栏

1. 菜单

MATLAB 的菜单包括"File"、"Edit"、"Debug"、"Desktop"、"Window" 和"Help".

另外，MATLAB 还会根据不同的窗口增加一些浮动菜单，例如，当选择工作空间浏览器窗口时会增加"View"和"Graphics"菜单，用来设置工作空间浏览器的显示；当打开"Deployment Tool"窗口时会增加"Tool"的菜单.

1）File 菜单. File 菜单用于对文件进行操作.

2）Edit 菜单. Edit 菜单的各项功能与 Windows 程序功能相似.

3）Debug 菜单. Debug 菜单的各项功能用于调试程序.

4）Desktop 菜单. Desktop 菜单的各菜单项用于 MATLAB 工作界面中窗口的显示.

5）Windows 菜单. Windows 菜单提供了在已打开的各窗口之间的切换功能.

6）Help 菜单. Help 菜单用于进入不同的帮助系统.

2. 工具栏

工具栏是在编程环境下提供的对常用命令的快速访问，MATLAB 7.3 的默认工具栏如图 1-2 所示，当鼠标停留在工具栏按钮上时，就会显示出该工具按钮的功能.

图 1-2　工具按钮

其中按钮控件的功能从左至右依次为：

- 新建或打开一个 MATLAB 文件.
- 剪切、复制或粘贴已选中的对象，撤销、恢复上一次操作.
- 打开 Simulink 主窗口，打开图形用户界面.
- 打开 MATLAB 帮助系统.
- 设置当前路径.

1.2.2　命令窗口

MATLAB 有许多使用方法，但是首先需要掌握的是 MATLAB 的命令窗口（Command Window）的基本表现形式和操作方式. 可以把命令窗口看成"草稿本"或"计算器". 在命令窗口输入 MATLAB 的命令和数据后按回车键，立即执行运算并显示结果. 单独显示的命令窗口如图 1-3 所示.

对于简单的问题或一次性问题，在命令窗口中直接输入求解很方便，若求解复杂问题时仍然采用这种方法（输入一行，执行一行），就显得繁琐笨拙. 这时可在编辑/调试器中编写 M 文件（后面章节将详细介绍），即将语句一次全部写入文件，并将该文件保存到 MATLAB 搜索路径的目录上，然后在命令窗口中用文件名调用.

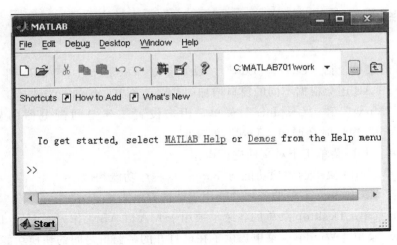

图 1-3　命令窗口

1. 命令行的语句格式

MATLAB 在命令窗口中的语句格式为：

>>变量 = 表达式；

例 1-1　在命令窗口输入命令，并查看结果.

解　MATLAB 命令为：

```
>>a = 3 + 9
>>b = 'abcd'
>>c = sin(pi/2) + exp(2);        ％ 命令后面加 ";",不显示结果.
>>if c<0 d = true
    else e = true
    end
```

运行结果为：

```
a =
        12
b =
abcd
e =
        1
```

说明　命令窗口中的每个命令行前会出现提示符"＞＞"，没有"＞＞"符号的行则是显示结果.

程序分析：

- 命令窗口内不同的命令采用不同的颜色，默认输入的命令、表达式以及计算结果等采用黑色字体，字符串采用赭红色，关键字采用蓝色，注释采用绿色；如例 1-1 中的变量 a 是数值，b 是字符串，e 为逻辑 True，命令行中的"if"、"else"、"end"为关键字，"％"后面的是注释.

- 在命令窗口中如果输入命令或函数的开头一个或几个字母，按"Tab"键则会出现以该字母开头的所有命令函数列表，例如，输入"end"命令的开头字母"e"然后按"Tab"键时的显示如图 1-4 所示.
- 命令行后面的分号（；）省略时，显示运行结果，否则不显示运行结果.
- MATLAB 变量是区分字母大小写的，myvar 和 MyVar 表示的是两个不同的变量. 变量名最多可包含 63 个字符（字母、数字和下划线），而且第一个字符必须是英文字母.
- MATLAB 可以输入字母、汉字，但是标点符号必须在英文状态下输入.

2. 命令窗口中命令行的编辑

在 MATLAB 命令窗口中不仅可以对输入的命令进行编辑和运行，而且使用编辑键和组合键可以对已输入的命令进行回调、编辑和重运行，命令窗口中编辑的常用操作键如表 1-2 所示.

```
>> e
```

表 1-2　常用操作键

键盘操作及快捷键		功　　能
↑	Ctrl+p	调用前一个命令
↓	Ctrl+n	调用后一个命令
←	Ctrl+b	光标左移一个字符
→	Ctrl+f	光标右移一个字符
Ctrl+↑	Ctrl+r	光标左移一个单词
Ctrl+↓	Ctrl+l	光标右移一个单词
home	Ctrl+a	光标移至行首
end	Ctrl+e	光标移至行尾
esc	Ctrl+u	清除当前行

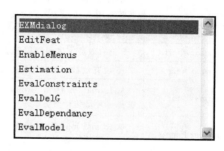

图 1-4　命令函数列表

3. 数值计算结果的显示格式

在命令窗口中，默认情况下，当数值为整数时，数值计算结果以整数显示；当数值为实数时，以小数后 4 位的精度近似显示，即以"short"数值的格式显示，如果数值的有效数字超出了这一范围，则以科学记数法显示结果. 需要注意的是，数值的显示精度并不代表数值的存储精度.

例 1-2　在命令窗口输入数值，查看不同的显示格式，并分析各个格式之间有什么相同与不同之处.

解　MATLAB 命令为：

```
>> x = pi          % 在命令窗口输入 π，并观察 MATLAB 默认的显示格式
```

运行结果为：

```
x =
    3.1416
```

用户可以根据需要，对数值计算结果的显示格式和字体风格、大小、颜色等进行设置. 方法如下：

- 一种方法是在 MATLAB 的界面中选择菜单"File"→"Preference"，则会出现参数设置对话框，在对话框的左栏选中"Command Window"项，在右边的"Numeric

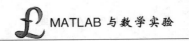

format" 栏设置数据的显示格式.

```
>> x = pi          % 在"Numeric format"栏中,将数据显示格式改为"long"
x =
    3.14159265358979
```

- 另一种方法是直接在命令窗口使用"format"指令来进行数值显示格式的设置. format 的语法格式如下:

```
format  格式描述
```

format 的数据显示格式如表 1-3 所示.

```
>> format long e,x      % 用科学记数法显示 x
x =
    3.141592653589793e + 000
```

表 1-3　数据显示格式

命令格式	含　义	命　令	显示结果
format short	小数点后面 4 位有效数字;大于 1000 的实数,用 5 位有效数字的科学记数法显示	format short, pi format short, pi * 1000	3.1416 3.1416e+003
format long	15 位数字显示	format long, pi	3.141592653589793
format short e	5 位有效数字的科学记数法表示	format short e, pi	3.1416e+000
format long e	15 位有效数字的科学记数法表示	format long e, pi	3.141592653589793e+000
format short g	从 format short 和 format short e 中自动选择一种最佳计数方式	format short g, pi	3.1416
format long g	从 format long 和 format long e 中自动选择一种最佳计数方式	format long g, pi	3.14159265358979
format rat	近似有理数表示	format rat, pi	355/113
format hex	十六进制表示	format hex, pi	400921fb54442d18
format +	正数、负数、零分别用+、-、空格	format +, pi format +, -pi format +, 0	+ - 空格
format bank	元、角、分	format bank, pi	3.14
format compact	在显示结果之间没有空行的紧凑格式		
format loose	在显示结果之间有空行的稀疏格式		

4. 命令窗口常用命令

clc:用于清空命令窗口中的所有显示内容.

clear:清除内存中的所有变量与函数.

clf:清除图形窗口.

who:将内存中的当前变量以简单的形式列出.

Whos:列出当前内存变量的名称、大小和类型等信息.

Help:列出所有最基础的帮助主题.

1.2.3　命令历史窗口

命令历史窗口（Command History）默认出现在 MATLAB 界面的左下侧,用来记录并显示已经运行过的命令、函数和表达式. 在默认设置下，该窗口会显示自安装以来所有使用过的命令的历史记录，并标明每次开启 MATLAB 的时间. 在命令历史窗口选中某个命令并单击鼠标右键可显示该命令的一些常用操作：

- Copy：复制.
- Evaluate Selection：执行所选命令行并将结果显示在命令窗口中.
- Create M-file：创建并生成 M 文件.
- Delete Selection：删除所选命令行.
- Delete to Selection：从当前行删除到所选命令行.
- Delete Entire History：清除全部历史命令.

1.2.4　当前目录浏览器窗口和路径设置

1. 当前目录浏览器简介

当前目录浏览器窗口（Current Directory Browser）默认出现在 MATLAB 界面左上侧的后台，如图 1-1 所示. Current Directory 用来设置当前目录，并显示当前目录下的 M 文件、MAT 文件、MDL 文件等文件信息.

在使用 MATLAB 的过程中，为方便管理，用户应当建立自己的工作目录，即"用户目录"，用来保存自己创建的相关文件. 将用户目录设置成当前目录的方法有如下两种：

1）直接在交互界面设置. 在 MATLAB 操作桌面的右上方，或当前目录浏览器左上方，都有一个当前目录设置区. 它包括"目录设置栏"和"浏览键". 用户可在"目录设置栏"中直接填写待设置的目录名，或借助"浏览键"和鼠标选择待设置的目录.

2）指令设置法. 通过 path 指令设置当前目录是各种 MATLAB 版本都适用的基本方法. 这种指令设置法比交互界面设置法使用范围更大，它不仅能在指令窗口执行，而且可以使用在 M 文件中.

注意　通过以上方法设置的目录，只有在当前开启的 MATLAB 环境中有效. 一旦 MATLAB 重新启动，以上设置操作必须重新进行.

2. 设置 MATLAB 搜索路径

MATLAB 中无论是文件还是函数和数据，运行时都是按照一定的顺序在搜索路径中搜索并执行的，如果要执行的内容不在搜索路径中，就会提示错误.

（1）MATLAB 的基本搜索过程

当用户在命令窗口输入一个命令行（如 sin(x)）时，MATLAB 按照如下顺序进行搜索：

首先在 MATLAB 内存中进行检查，看"sin"和"x"是否为工作空间的变量或特殊变量.

然后再在当前路径上，检查是否为 MATLAB 的内部函数（Built-in Function）.

最后在 MATLAB 搜索路径的所有其他目录中，依次检查是否有相应的".m"或".mex"文件存在.

凡不在搜索路径上的内容，不可能被搜索．实际搜索过程远比上面描述的基本过程复杂．

（2）MATLAB 搜索路径的扩展和修改

假如用户有多个目录需要同时与 MATLAB 交换信息，或经常需要与 MATLAB 交换信息，那么就应该把这些目录放在 MATLAB 的搜索路径上，使得这些目录上的文件或数据能被调用；假如某个目录需要用来存放运行中产生的文件和数据，还应该把这个目录设为当前目录．

1）利用设置路径对话框修改搜索路径．引出搜索路径对话框的常用方法如下：在指令窗口运行 pathtool；在 MATLAB 命令窗口中，选择"File"→"Set path"下拉菜单弹出路径设置对话框，如图 1-5 所示．

2）利用指令 path 设置路径．利用 path 指令设置路径的方法对任何版本的 MATLAB 都适用．

path（path，'c:\my_path'）把 c:\my_path 设置在搜索路径的尾端．

path（'c:\my_path'，path）把 c:\my_path 设置在搜索路径的首端．

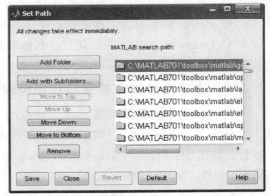

图 1-5　路径设置对话框

1.2.5　工作空间浏览器窗口和数组编辑器窗口

工作空间浏览器窗口（Workspace Browser）默认出现在 MATLAB 界面的左上侧，以列表的形式显示 MATLAB 工作区中当前所有变量的名称及属性，包括变量的类型、长度及其占用的空间大小．

默认情况下，数组编辑器不随 MATLAB 操作界面的出现而启动，启动数组编辑器的方法有：

- 在工作空间浏览器窗口中双击变量．
- 在工作空间浏览器窗口中选择变量，按鼠标右键在快捷菜单中选择"open…"菜单，或单击工具栏的打开变量（open selection）按钮．

1.2.6　M 文件编辑/调试器窗口

对于比较简单的问题和"一次性"问题，通过命令窗口直接输入一组命令来求解比较简便、快捷，但是当待解决的问题所需的命令较多且命令比较复杂时，或当一组命令通过改变少量参数就可以反复被使用去解决不同的问题时，就需要利用 M 脚本文件来解决．

MATLAB 通过自带的 M 文件编辑/调试器（Editor/Debugger）来创建和编辑 M 文件．M 文件（带 .m 扩展名的文件）类似于其他高级语言的源程序．M 文件编辑器可以用来对 M 文件进行编辑和调试，也可以阅读和编辑其他 ASCII 码文件．M 文件编辑/调试器窗口由菜单栏、工具栏和文本编辑区等组成，是标准的 Windows 风格．如图 1-6 所示．

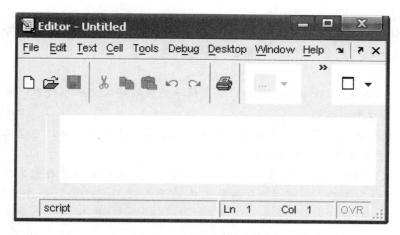

图 1-6　M 文件编辑/调试器窗口

在编写 M 文件时会启动 M 文件编辑/调试器窗口，进入 MATLAB 文件编辑器的方法如下：

- 单击 MATLAB 桌面上的图标，打开空白 M 文件编辑器.
- 单击 MATLAB 桌面上的图标，填写所选文件名后，单击"打开"按钮，即可展示相应的 M 文件编辑器.
- 用鼠标左键双击当前目录窗口中的所需 M 文件，可直接打开相应的 M 文件编辑器.

M 文件包括 M 命令文件（又称脚本文件）和 M 函数文件. 这两种文件的结构有所不同，其一般结构包括函数声明行、H1 行、帮助文本和程序代码 4 个部分.

1）函数声明行. 函数声明行是在 M 函数文件的第一行，只有 M 函数文件必须有，以"function"开头并指定函数名、输入输出参数；M 命令文件没有函数声明行.

2）H1 行. H1 行是帮助文字的第一行，一般为函数的功能信息，可以提供给 help 和 lookfor 命令查询使用，给出 M 文件最关键的帮助信息，通常要包含大写的函数文件名. 在 MATLAB 的当前目录浏览器窗口中的 Description 栏，就显示了每个 M 文件的 H1 行.

3）帮助文本. 帮助文本提供了对 M 文件更加详细的说明信息，通常包含函数的功能、输入输出参数的含义、格式说明及作者、日期和版本记录等信息，方便 M 文件的管理和查找.

4）程序代码. 程序代码由 MATLAB 语句和注释语句构成，可以是简单的几个语句，也可以是通过流程控制结构组织而成的复杂程序，注释语句提供对程序功能的说明，可以在程序代码中的任意位置.

1. M 命令文件和 M 函数文件

就文件结构而言，M 命令文件和 M 函数文件的区别是 M 命令文件没有函数声明行.

（1）M 命令文件

M 命令文件比较简单，命令格式和前后位置与命令窗口中的命令行都相同，M 命令文件中除了没有函数声明行之外，H1 行和帮助文字也经常省略.

说明

1）MATLAB 在运行 M 命令文件时，只是简单地按顺序从文件中读取一条条命令，送到MATLAB 命令窗口中去执行.

2）M 命令文件运行产生的变量都驻留在 MATLAB 的工作空间中，可以很方便地查看变量，在命令窗口中运行的命令都可以使用这些变量.

3）M 命令文件的命令可以访问工作空间的所有数据，因此要注意避免工作空间和命令文件中的同名变量相互覆盖，一般在 M 命令文件的开头使用 "clear" 命令清除工作空间的变量.

例 1-3　编写程序画出衰减振荡曲线 $y = e^{-\frac{1}{3}} \sin 3t$ 及其包络线 $y_0 = e^{-\frac{t}{3}}$. t 的取值范围是 $[0, 4\pi]$.

解　MATLAB 命令为：

```
t = 0:pi/50:4 * pi;
y0 = exp( - t/3);
y = exp( - t/3). * sin(3 * t);
plot(t,y,'r',t,y0,':b',t, - y0,':b')
```

图形结果为：

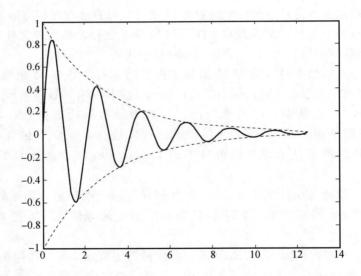

程序分析：

将 M 文件保存在用户自己的工作目录下，命名为 "exp_1"，先将工作目录添加到搜索路径中，或将 MATLAB 的 "Current Directory" 设置为工作目录.

运行程序方法：

• 在命令窗口输入命令文件的文件名 exp_1.

- 在 MATLAB 编辑/调试器窗口菜单中点击"Debug"→"Run"或直接按快捷键 F5
  或点击工具栏中的 ⊞ 按钮，如图 1-7 所示.

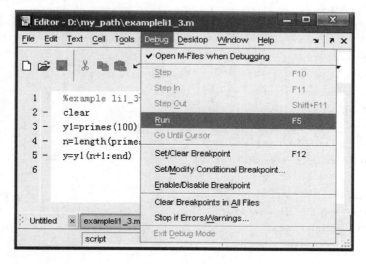

图 1-7   Debug 菜单

（2）M 函数文件

M 函数文件稍微复杂一些，可以有一个或多个函数，每个函数以函数声明行开头. 使用 M 函数文件可以将大的任务分成多个小的子任务，每个函数实现一个独立的子任务，通过函数间的相互调用完成复杂的功能，具有程序代码模块化、易于维护和修改的优点.

说明

1）M 函数文件中的函数声明行是必不可少的.

2）M 函数文件在运行过程中产生的变量都存放在函数本身的工作空间中，函数的工作空间是独立的、临时的，随函数文件调用而产生并随调用结束而删除. 在 MATLAB 运行过程中如果运行多个函数，则产生多个临时函数空间.

3）当文件执行完最后一条命令或遇到"return"命令时结束函数的运行，同时函数空间的变量被清除.

4）一个 M 函数文件至少要定义一个函数.

函数声明行的格式如下：

```
function[输出参数列表]=函数名(输入参数列表)
```

说明

- 函数名是函数的名称，保存时最好函数名与文件名一致，当不一致时，MATLAB 以文件名为准.
- 输入参数列表是函数接受的输入参数，多个参数之间用","隔开.
- 输出参数列表是函数运算的结果，多个参数之间用","隔开.

例 1-4   编写一函数，求方程 $ax^2+bx+c=0$ 的解.

解   MATLAB 命令为：

```
function y = jie(a,b,c)
if(abs(a)< = 1e - 6)
    disp('is not a quadratic')
else
    disc = b* b - 4 * a* c;
    if(abs(disc)<1e - 6)
        disp('has two equal roots:'),[ - b/(2* a), - b/(2* a)]
    elseif(disc>1e - 6)
        x1 = ( - b + sqrt(disc))/(2* a);
        x2 = ( - b - sqrt(disc))/(2* a);
        disp('has distinct real roots'),[x1,x2]
    else
        realpart = - b/(2* a);
        imagpart = sqrt( - disc)/(2* a);
        disp('has complex roots:')
    end
end
end
```

调用函数文件计算 jie(1，2，1)，jie(1，2，2)，jie(2，6，1).

运行结果为：

```
>> jie(1,2,1)
has two equal roots:
ans =
    - 1    - 1
>> jie(1,2,2)
has complex roots:
>> jie(2,6,1)
has distinct real roots
ans =
    - 0. 1771   - 2. 8229
```

2. "Debug" 菜单和 "Cell" 菜单

M 文件编辑/调试器窗口专门用来对 M 文件进行编辑和调试，用于调试的主要菜单有 "Debug" 和 "Cell".

（1）"Debug" 菜单

以下给出该菜单中的各菜单项及相应功能，括号中为快捷键.

1）Step(F10)：单步运行，如果下一句是执行语句，则单步执行下一句；如果本行是函数调用，则跳过函数，直接执行下一行语句.

2）Step in(F11) 和 Step out(Shift＋F11)：如果本行是函数调用，则单步运行进入函数体中. 当使用 "Step in" 进入被调用函数后可使用 "Step out" 立即从函数中出来，返回到上一级调用函数继续执行.

3）Run/Continue(F5)：如果用"Run"命令启动程序，程序就从头开始运行；如果在中断状态，程序就从中断处的语句行运行到下一个断点或程序结束为止．

4）Set/Clear Breakpoints(F12)：设置和清除所在行的断点．断点是在调试时需要暂停的语句，设置和清除断点的简便方法是直接在该行的前面用鼠标单击．

5）Set/Modify Conditional Breakpoint：设置或修改光标所在行断点的条件．选择该菜单项就会出现如图 1-8 所示的对话框，并且该行前面会出现黄点．

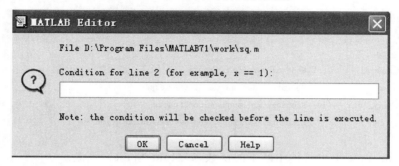

图 1-8　输入断点条件对话框

6）Stop if Errors/Warnings：设置出现错误或警告时是否停止运行．

7）Exit Debug Mode：退出调试模式并结束程序运行和调试过程．

（2）"Cell"菜单和工具栏

"Cell"菜单和工具栏是 MATLAB 7.0 版后新推出的菜单，提出了单元调试的概念，将程序分成一个个独立的单元（cell），每个单元用"％％"（单元分隔符）来分隔．这样就可以单独调试，使调试过程更加方便．

1.2.7　发布工具窗口

发布工具窗口（Deployment Tool）是 MATLAB 7.3 新增功能窗口．用于方便地将 MATLAB 的文件发布成可以脱离 MATLAB 环境运行的项目，在发布工具窗口可以创建项目和编译项目．

1.3　MATLAB 7.3 的帮助系统

MATLAB 7.3 提供了强大的帮助系统，包括帮助命令、帮助窗口、HTML 格式帮助、PDF 格式帮助以及帮助演示等．

1. 纯文本帮助

MATLAB 的所有执行命令、函数的 M 文件都有一个注释区．在该区中，用纯文本形式简要地叙述该函数的调用格式和输入输出量含义．该帮助内容最原始，但也是最真实、可靠的．

在命令窗口运行 help 指令可以获得不同范围的帮助．

例 1-5 在命令窗口运行 help 的示例.

    1）运行 help help 将得到如何使用 help 的帮助.

```
>> help help
  HELP Display help text in Command Window.
    HELP,by itself,lists all primary help topics.Each primary topic
    corresponds to a directory name on the MATLABPATH.
  ...
```

    2）运行 help 引出包含一系列主题（topic）的分类列表.

```
>> help
HELP topics：
matlab\general    -    General purpose commands.
matlab\ops        -    Operators and special characters.
matlab\lang       -    Programming language constructs.
matlab\elmat      -    Elementary matrices and matrix manipulation. ...
...
```

    3）运行 help topic 引出具体主题下的函数名（Fun Name）列表.

```
>> help ops
  Operators and special characters.
    Arithmetic operators.
    plus      - Plus                                        +
    uplus     - Unary plus                                  +
    minus     - Minus                                       -
  ...
```

    4）运行 help Fun Name 获得具体函数用法.

```
>> help plus
+  Plus.
    X + Y adds matrices X and Y. X and Y must have the same
    dimensions unless one is a scalar(a 1 - by - 1 matrix).
    A scalar can be added to anything.
  ...
```

2. "导航/浏览器交互界面" 帮助

    "导航/浏览器交互界面"由帮助导航器（Help Navigator）和帮助浏览器（Help Browser）组成. 该帮助与 M 文件完全无关，它是 MATLAB 专门设计的一个独立的帮助子系统. 该帮助子系统对 MATLAB 功能描述最系统、丰富、详尽. 随版本的升级，更新也较快.

    打开帮助浏览器的方法有以下几种：

- 在命令窗口中运行 helpbrowser 或 helpdesk.
- 在 MATLAB 默认操作桌面以及各独立出现的交互窗口中选中下拉菜单项"Help"→"MATLAB help"，或选中下拉菜单项"Help"→"MATLAB help".

3. PDF 帮助

    为了让用户获得高质量的打印帮助文件，MATLAB 把帮助浏览器中的部分内容制成了

PDF 文件. 打开 PDF 文件有如下两种方法：

- 利用资源管理器，直接在 matlab7.3 \ help \ pdf-doc 文件夹中，鼠标双击该文件即可打开.
- 在帮助导航器的"目录窗"（Contents Pane）中，用鼠标展开所需主题的目录树，选中该主题下的"Printable Documentation"，打开相应的页面. 在该超文本页面中，单击用蓝色字符显示的 PDF 链接，就会自动引出 Acrobat Reader 并打开相应的 PDF 帮助文件.

4. 演示帮助

MATLAB 主程序和各工具包都有设计很好的演示程序. 通过演示程序学习是一种很好的学习方法. 用户若想学习和掌握 MATLAB 不可不看这组演示程序.

打开"MATLAB Demo Window"的常用方法如下：

- 在 MATLAB 界面单击菜单"help"→"Demos".
- 在 MATLAB 命令窗口中，运行"demo"命令，例如"demo matlab programming".
- 在帮助导航/浏览器窗口中，选择"Demo"面板.

1.4　MATLAB 常用文件格式

MATLAB 7.3 常用的文件有 .m、.mat、.fig、.mdl、.mex、.p 等类型. 在 MATLAB 7.3 工作界面"file"下的"new"菜单中，可以创建 M-File、Figure、Model 等文件类型. 下面将介绍常见的几种文件类型.

1. 程序文件

程序文件即 M 文件，其文件的扩展名为 .m. M 文件通过 M 文件编辑/调试器生成，包括主程序和函数文件. MATLAB 各工具箱中的大部分函数都是 M 文件.

由于 M 文件是 ASCII 文件，因此也可以在其他的文本编辑器中显示和输入.

2. 图形文件

图形文件的扩展名为 .fig，其创建有如下几种方法：

- 在"File"菜单中创建 .fig 文件.
- 在"File"菜单中创建 GUI 时生成 .fig 文件.
- 用 MATLAB 的绘图命令生成 .fig 文件.

3. 模型文件

模型文件的扩展名为 .mdl，可以在"File"菜单中创建 Model 时生成 .mdl 文件，也可以在 Simulink 环境中建模生成.

4. 数据文件

数据文件即 MAT 文件，其文件的扩展名为 .mat，用来保存工作空间的数据变量. 在命令窗口中可以通过命令将工作空间的变量保存到数据文件中或从数据文件装载变量到工作空间.

1) 把工作空间中的数据存入 MAT 文件

> save 文件名　变量1　变量2…参数
>
> save('文件名','变量1','变量2',…,'参数')

说明　文件名为 MAT 文件的名字；变量1、变量2可以省略，省略时则保存工作空间中的所有变量；参数是保存的方式，其中 '-ASCII' 表示保存为 8 位 ASCII 文本文件，'-append' 表示在文件末尾添加变量，'-mat' 表示二进制 .mat 文件等.

2) 从数据文件中装载变量到工作空间

> load 文件名变量1变量2…

说明　变量1、变量2可以省略，省略时则装载所有变量；如果文件名不存在，则报错.

5. 可执行文件

可执行文件即 MEX 文件，其文件的扩展名为 .mex，由 MATLAB 的编辑器对 M 文件进行编译后产生，其运行速度比直接执行 M 文件要快得多.

6. 项目文件

项目文件的扩展名为 .prj，它能脱离 MATLAB 环境运行，在 Deployment tool 窗口中编译生成，同时还会生成 "distrib" 和 "src" 两个文件夹.

 习题

1. 计算表达式 $e^{12} + 23^3 \log_2 5 \div \tan21$ 的值.

2. 计算表达式 $\tan(-x^2)\arccos x$ 在 $x=0.25$ 和 $x=0.78\pi$ 时的函数值.

3. 编写 M 命令文件，求 $\sum\limits_{k=1}^{50} k^2 + \sum\limits_{k=1}^{10} \dfrac{1}{k}$ 的值.

4. 编写函数文件，计算 $\sum\limits_{k=1}^{n} k!$，并求出当 $n=20$ 时表达式的值.

MATLAB 基本运算

第 2 章

MATLAB 的产生是由矩阵运算推出的，因此矩阵运算和数组运算是 MATLAB 最基本、最重要的功能．本章主要介绍 MATLAB 的数据类型，以及矩阵和数组的基本运算．

2.1 数据类型

MATLAB 7.3 定义了 15 种基本的数据类型，包括整型、浮点型、字符型和逻辑型等，用户也可以定义自己的数据类型．MATLAB 内部的所有数据类型都是按照数组的形式进行存储和运算的．

数值型包括整数和浮点数，其中整数包括有符号数和无符号数，浮点数包括单精度型和双精度型．在默认的情况下，MATLAB 7.3 将所有数值都按照双精度浮点数类型来存储和操作，用户如果要节省存储空间，可以使用不同的数据类型．

2.1.1 常数和变量

1. 常数

MATLAB 的常数采用十进制表示，可以用带小数点的形式直接表示，也可以用科学记数法表示，数值的表示范围是 $10^{-309} \sim 10^{309}$．

2. 变量

变量是数值计算的基本单元，MATLAB 变量使用时无需先定义，其名称是第一次合法出现时的名称，因此使用起来很便捷．

（1）变量的命名规则

- 变量名区分字母的大小写．例如"A"和"a"是不同的变量．
- 变量名不能超过 63 个字符，第 63 个字符后的字符被忽略．
- 变量名必须以字母开头，变量名的组成可以是任意字母、数字或者下划线，但不能有空格和标点符号．
- 关键字（如 if、while 等）不能作为变量名．

在 MATLAB 7.3 中所有标识符（包括函数名、文件名）都是遵循变量名的命名规则．

（2）特殊变量

MATLAB 有一些自己的特殊变量，是由系统预先自动定义的，当 MATLAB 启动时驻留在内存中. 常用特殊变量如表 2-1 所示.

表 2-1   常用特殊变量

变 量 名	取 值	变 量 名	取 值
ans	运算结果的默认变量名	i 或 j	虚数单位
pi	圆周率	nargin	函数的输入变量数目
eps	浮点数的相对误差	nargout	函数的输出变量数目
inf 或 INF	无穷大	realmin	最小的可用正实数
NaN 或 nan	不定值, 如 0/0 等	realmax	最大的可用正实数

2.1.2 整数和浮点数

1. 整数

MATLAB 7.3 提供了 8 种内置的整数类型, 为了在使用时提高运行速度和存储空间, 应该尽量使用字节少的数据类型, 使用类型转换函数可以强制将各种整数类型进行相互转换, 表 2-2 中列出了各种整数类型的数值范围和转换函数.

表 2-2   整数的数据类型转换函数

数据类型	数值范围	类型转换函数	数据类型	数值范围	类型转换函数
无符号 8 位整数	$0 \sim 2^8 - 1$	unit8	有符号 8 位整数	$2^{-7} \sim 2^7 - 1$	int8
无符号 16 位整数	$0 \sim 2^{16} - 1$	unit16	有符号 16 位整数	$2^{-15} \sim 2^{15} - 1$	int16
无符号 32 位整数	$0 \sim 2^{32} - 1$	unit32	有符号 32 位整数	$2^{-31} \sim 2^{31} - 1$	int32
无符号 64 位整数	$0 \sim 2^{64} - 1$	unit64	有符号 64 位整数	$2^{-63} \sim 2^{63} - 1$	int64

2. 浮点数

浮点数包括单精度型 (single) 和双精度型 (double), 双精度型为 MATLAB 默认的数据类型. 表 2-3 中列出了各种浮点数的数值范围和类型转换函数.

表 2-3   浮点数的数据类型转换函数

数据类型	存储空间 (B)	数值范围	类型转换函数
单精度型	4	$-3.40282 \times 10^{38} \sim +3.40282 \times 10^{38}$	single
双精度型	8	$-1.79769 \times 10^{308} \sim +1.79769 \times 10^{308}$	double

2.1.3 复数

MATLAB 用特殊变量 "i" 和 "j" 表示虚数的单位, 因此, 注意在编程时不要和其他变量混淆.

复数的产生可以有如下几种方式:

- $z = a + b^* \mathrm{i}$ 或 $z = a + b^* \mathrm{j}$.
- $z = a + b\mathrm{i}$ 或 $z = a + b\mathrm{j}$ (当 b 为常数时).
- $z = r^* \exp(\mathrm{i}^* \text{theta})$, 其中相角 theta 以弧度为单位, 复数 z 的实部 $a = r^* \cos(\text{theta})$, 复数 z 的虚部 $b = r^* \sin(\text{theta})$.

- $z = \text{complex}(a, b)$.

MATLAB 中关于复数的运算函数如表 2-4 所示.

表 2-4　复数的运算函数

函数名称	函数功能	函数名称	函数功能
real(x)	求复数 x 的实部	angle(x)	求复数 x 的相角
imag(x)	求复数 x 的虚部	conj(x)	求复数 x 的共轭复数
abs(x)	求复数 x 的模	complex(a, b)	以 a, b 分别作为实部和虚部创建复数

2.2　矩阵和数组的运算

2.2.1　矩阵的输入

下面介绍几种矩阵的常用输入方法.

1. 直接输入

这是一种最方便、最直接的方法，它适用于对象维数较少的矩阵. 矩阵的输入应遵循以下基本常规：

- 矩阵元素应用方括号"[]"括起来.
- 每行内的元素间用逗号","或空格隔开.
- 行与行之间用分号";"或回车键隔开.
- 元素可以使用数值或表达式.

例 2-1　利用直接输入法创建矩阵

$$\boldsymbol{A} = \begin{bmatrix} 1 & 2 & 3 \\ 4 & 15 & 60 \\ 7 & 8 & 9 \end{bmatrix}$$

解　MATLAB 命令为：

```
A=[1 2 3;4 15 60;7 8 9]
```

运行结果为：

```
A =

    1     2     3
    4    15    60
    7     8     9
```

2. 用矩阵编辑器输入

它适用于维数较大的矩阵. 在调用矩阵编辑器之前必须先定义一个变量，无论是一个数值还是一个矩阵均可. 输入步骤如下：

1）在命令窗口创建变量 A.

2）在工作空间可以看到多了一个变量 A，双击它就可打开矩阵编辑器.

3）选中元素可以直接修改元素的值，修改完毕后按关闭按钮，这时变量就定义保存了.

3. 用矩阵函数来生成矩阵

在 MATLAB 中，除了逐个输入元素生成所需的矩阵外，MATLAB 还提供了大量的函数来创建一些特殊的矩阵.

1）生成对角矩阵：

- $A=\mathrm{diag}(v,k)$ 生成主对角线方向上的第 k（整数）层元素是向量 v 的矩阵. 规定：当 $k=0$ 时，它表示矩阵的主对角线；当 $k>0$ 时，它表示主对角线的平行位置上方的第 k 层；当 $k<0$ 时，它表示主对角线的平行位置下方第 $|k|$ 层.

- $v=\mathrm{diag}(A,k)$ 提取矩阵 A 中主对角线方向上第 k（整数）层元素，得到的是向量 v.

2）魔方矩阵（矩阵中每行、每列及两条对角线上的元素和都相等）：$\mathrm{magic}(n)$ 生成 n 阶魔方矩阵，其中 n 为大于 2 的正整数.

3）随机矩阵：$\mathrm{rand}(m,n)$ 随机生成服从均匀分布的 $m\times n$ 阶矩阵，其元素为 0～1 之间的数.

此外，还有零矩阵、单位矩阵和元素全为 1 的矩阵等特殊矩阵. 用法见表 2-5.

表 2-5　常用的矩阵函数

函数名称	函数功能	函数名称	函数功能
$\mathrm{zeros}(m,n)$	$m\times n$ 的零矩阵	$\mathrm{fliplr}(A)$	将矩阵 A 左右翻转
$\mathrm{eye}(n)$	n 阶单位矩阵	$\mathrm{flipud}(A)$	将矩阵 A 上下翻转
$\mathrm{ones}(m,n)$	$m\times n$ 的元素全为 1 的矩阵	$\mathrm{hilb}(n)$	生成 n 阶 Hilbert 矩阵
$\mathrm{diag}(v,k)$	生成对角矩阵	$\mathrm{invhilb}(n)$	生成 n 阶反 Hilbert 矩阵
$\mathrm{rand}(m,n)$	m 行 n 列的随机矩阵	$\mathrm{pascal}(n)$	生成 n 阶 Pascal 矩阵
$\mathrm{randn}(m,n)$	m 行 n 列的正态随机矩阵	$\mathrm{tril}(A,k)$	生成下三角矩阵
$\mathrm{magic}(n)$	n 阶魔方矩阵	$\mathrm{triu}(A,k)$	生成上三角矩阵

例 2-2 利用函数生成矩阵

$$A=\begin{bmatrix} 1 & 0 & 0 \\ 0 & 2 & 0 \\ 0 & 0 & 3 \end{bmatrix},\ B=\begin{bmatrix} 0 & 1 & 0 & 0 \\ 0 & 0 & 2 & 0 \\ 0 & 0 & 0 & 3 \\ 0 & 0 & 0 & 0 \end{bmatrix}$$

解　MATLAB 命令为：

```
v = [1 2 3]
A = diag(v,0)
B = diag(v,1)
```

运行结果为：

```
v =
    1    2    3
A =
    1    0    0
    0    2    0
    0    0    3
```

```
B =
     0     1     0     0
     0     0     2     0
     0     0     0     3
     0     0     0     0
```

例 2-3　　（1）生成一个三阶魔方矩阵 **A**；（2）生成一个 4 阶单位矩阵 **B**.

　　解　MATLAB 命令为：

```
A = magic(3)
B = eye(4)
```

运行结果为：

```
A =
     8     1     6
     3     5     7
     4     9     2
B =
     1     0     0     0
     0     1     0     0
     0     0     1     0
     0     0     0     1
```

例 2-4　输入矩阵

$$A = \begin{bmatrix} 1 & 1 & 1 \\ 1 & 1 & 1 \\ 1 & 1 & 1 \end{bmatrix}$$

　　解　MATLAB 命令为：

```
A = ones(3)
```

运行结果为：

```
A =
     1     1     1
     1     1     1
     1     1     1
```

例 2-5　随机生成含有 5 个元素的行向量.

　　解　MATLAB 命令为：

```
rand(1,5)
```

运行结果为：

```
ans =
    0.9501    0.2311    0.6068    0.4860    0.8913
```

例 2-6　随机生成数值在 10～30 之间的含有 5 个元素的行向量.

　　解　MATLAB 命令为：

```
10 + (30 - 10) * rand(1,5)
```

运行结果为：

```
ans =
     25.2419    19.1294    10.3701    26.4281    18.8941
```

例 2-7 生成三对角矩阵.

$$A = \begin{bmatrix} 1 & 2 & 0 & 0 & 0 & 0 \\ 1 & 1 & 2 & 0 & 0 & 0 \\ 0 & 2 & 1 & 2 & 0 & 0 \\ 0 & 0 & 3 & 1 & 2 & 0 \\ 0 & 0 & 0 & 1 & 1 & 2 \\ 0 & 0 & 0 & 0 & 2 & 1 \end{bmatrix}$$

解　MATLAB 命令为:

```
a1 = ones(1,6)
a2 = 2 * ones(1,5)
a3 = [1 2 3 1 2]
A = diag(a1,0) + diag(a2,1) + diag(a3, -1)
```

运行结果为:

```
a1 =
     1     1     1     1     1     1
a2 =
     2     2     2     2     2
a3 =
     1     2     3     1     2
A =
     1     2     0     0     0     0
     1     1     2     0     0     0
     0     2     1     2     0     0
     0     0     3     1     2     0
     0     0     0     1     1     2
     0     0     0     0     2     1
```

4. 通过文件生成

有时我们需要处理一些没有规律的数据, 如果在命令窗口输入, 清除后再次使用时需要重新输入, 这就增加了工作量. 为解决此类问题, MATLAB 提供了两种解决方案: 一种方法是直接把数据作为矩阵输入到 M 文件中; 一种方法是作为变量保存到 MAT 文件中.

M 文件的保存方法是在 M 文件编辑器中按照正常输入矩阵的方法输入数据, 然后将其保存成 M 文件. 使用时在命令窗口直接输入文件名即可.

例 2-8　用 M 文件保存矩阵.

$$A = \begin{bmatrix} 1 & 2 & 3 & 4 & 5 & 6 \\ 7 & 8 & 9 & 10 & 11 & 12 \\ 0 & -2 & -3 & 5 & 8 & 1 \\ 3 & 7 & 9 & 0 & -4 & -5 \\ 2 & 3 & 8 & -9 & 0 & 0 \\ 1 & 0 & 0 & 6 & -3 & -8 \end{bmatrix}$$

解　在 M 文件编辑器中输入以下矩阵，保存成文件 shuju1.m：

```
X=[1,2,3,4,5,6;7,8,9,10,11,12;0,-2,-3,5,8,1;3,7,9,0,-4,-5;2,3,8,-9,0,0;1,0,0,6,-3,-8]
```

在命令窗口直接输入文件名

```
shuju1
X =

    1    2    3    4    5    6
    7    8    9   10   11   12
    0   -2   -3    5    8    1
    3    7    9    0   -4   -5
    2    3    8   -9    0    0
    1    0    0    6   -3   -8
```

5. 数组的生成

数组作为特殊的矩阵，即 $1 \times n$ 或 $n \times 1$ 的矩阵，除了可以作为普通的矩阵输入外，还有其他的生成方式.

1）使用 from：step：to 生成数组，当 step 省略时，表示步长 step＝1. 当 step 为负数时，可以创建降序的数组.

例 2-9　使用 from：step：to 创建数组.

解　MATLAB 命令为：

```
a=-1:0.5:2
```

运行结果为：

```
a =

   -1.0000   -0.5000   0   0.5000   1.0000   1.5000   2.0000
```

2）使用 linspace 和 logspace 函数生成数组. linspace 用来生成线性等分数组，logspace 用来生成对数等分数组. logspace 函数可以用于对数坐标的绘制. 命令格式如下：

- **linspace(a，b，n)**　生成从 a 到 b 之间线性分布的 n 个元素的数组，如果 n 省略，则默认为 100.
- **logspace(a，b，n)**　生成从 10^a 到 10^b 之间按对数等分的 n 个元素的数组，如果 n 省略，则默认为 50.

2.2.2　矩阵和数组的算术运算

矩阵的运算规则是按照线性代数运算法则定义的，但是有着明确而严格的数学规则；而数组运算是按数组的元素逐个进行的.

1. 矩阵运算

矩阵的基本运算是加法（＋）、减法（－）、乘法（×）、左除（\）、右除（/）和乘幂（^）等. 另外还有其他的运算，如矩阵 A 的转置：transpose(A)；A 的行列式：det(A)；A 的秩：rank(A) 等，本书将在后面的章节对这些运算作详细的介绍.

2. 数组运算

数组运算又称点运算，其加、减、乘、除和乘方运算都是对两个尺寸相同的数组进行元素对元素的运算. 设数组为

$$\alpha = [a_1, a_2, \cdots, a_n], \qquad \beta = [b_1, b_2, \cdots, b_n]$$

则对应的具体运算为：

$$\alpha \pm \beta = [a_1 \pm b_1, a_2 \pm b_2, \cdots, a_n \pm b_n]$$

$$\alpha .^* \beta = [a_1 b_1, a_2 b_2, \cdots, a_n b_n]$$

$$\alpha .^\wedge k = [a_1^k, a_2^k, \cdots, a_n^k]$$

$$\alpha ./ \beta = \left[\frac{a_1}{b_1}, \frac{a_2}{b_2}, \cdots, \frac{a_n}{b_n}\right]$$

$$\alpha .\backslash \beta = \left[\frac{b_1}{a_1}, \frac{b_2}{a_2}, \cdots, \frac{b_n}{a_n}\right]$$

$$f(\alpha) = [f(a_1), f(a_2), \cdots, f(a_n)]$$

例 2-10　数组运算示例.

```
>>a = 1 : 5          % 定义数组 a
a =
      1    2    3    4    5
>>b = 3 : 2 : 11     % 定义相同长度的数组 b
b =
      3    5    7    9    11
>>a. ^2              % 求数组 a 的 2 次幂
ans =
      1    4    9    16   25
>>a. * b             % 求数组 a 点乘数组 b
ans =
      3    10   21   36   55
```

例 2-11　计算 $\sin(k\pi/2)(k = \pm 2, \pm 1, 0)$ 的值.

解　MATLAB 命令为：

```
x = - pi:pi/2:pi;
y = sin(x)
```

运行结果为：

```
y =
      - 0.0000    - 1.0000    0    1.0000    0.0000
```

从以上例题可以看出，数组运算是对应元素的运算. 常用函数命令如表 2-6 所示.

表 2-6　常用函数命令

函数名称	函数功能	函数名称	函数功能
sin（x）	正弦函数 sinx	asin（x）	反正弦函数 arcsinx
cos（x）	余弦函数 cosx	acos（x）	反余弦函数 arccosx
tan（x）	正切函数 tanx	atan（x）	反正切函数 arctanx
cot（x）	余切函数 cotx	acot（x）	反余切函数 arccotx
sec（x）	正割函数 secx	asec（x）	反正割函数 arcsecx
csc（x）	余割函数 cscx	acsc（x）	反余割函数 arccscx
exp（x）	自然指数 e^x	log（x）	自然对数 $\ln x$
abs（x）	求变量 x 的绝对值 $|x|$	log2（x）	以 2 为底的对数 $\log_2 x$
sqrt（x）	求变量 x 的算术平方根 $\sqrt{x}$	log10（x）	以 10 为底的对数 $\log_{10} x$

2.2.3　关系运算和逻辑运算

MATLAB 7.3 常用的关系操作符有＜(小于)、＜＝(小于等于)、＞(大于)、＞＝(大于等于)、＝＝(等于)、～＝(不等于).　关系运算的结果是逻辑值 1(true) 或 0(false).

常用的逻辑运算符是：&(与)、|(或)、～(非) 和 xor(异或).

例 2-12　已知矩阵

$$A=\begin{bmatrix} 1 & 2 \\ 1 & 2 \end{bmatrix}, \qquad B=\begin{bmatrix} 1 & 1 \\ 2 & 2 \end{bmatrix}$$

对它们作简单的关系与逻辑运算.

解　MATLAB 命令为：

```
A=[1 2;1 2];
B=[1 1;2 2];
C=(A<B)&(A==B)
```

运行结果为：

```
C =
     0     0
     0     0
```

2.3　字符串

MATLAB 处理字符串的功能也非常强大.　字符串用单引号（' '）括起的一串字符表示.

1. 字符串的输入

1）直接赋值：用单引号（' '）括起字符来直接赋值创建字符串.

- 输入英文字符：

```
>> s1 = 'MATLAB 7'
s1 =
MATLAB 7
```

- 输入中文字符：

```
>> s2 = '字符串'
s2 =
字符串
```

- 使用两个单引号输入字符串中的单引号：

```
s3 = '显示 "MATLAB"'
s3 =
显示 'MATLAB'
```

2）多个字符串组合.

- 用 "," 连成长字符串

```
>> str1 = [s1,s2]
str1 =
MATLAB 7 字符串
```

- 用 ";" 构成 $m*n$ 的字符串矩阵，每行字符串元素的个数可以不同，但每行字符的总数必须相同，否则系统报错．

```
>> str2 = [s1,'  ';s2,'       ';s3]    % s1 为 8 个字符,s2 为 3 个字符,s3 为 10 个字符,因此 s1 后面和 s2 后面依
                                         次必须添加 2 个和 7 个空格.
str2 =
MATLAB 7
字符串
显示 'MATLAB'
```

2. 字符串常用操作

MATLAB 7.3 可以对字符串进行查找、比较和运行等操作．

例 2-13   使用字符串函数运算．

解   MATLAB 命令为：

```
str = 'a + b,c + d,'
n = findstr(str,',')              % 查找字符串中","的位置
str1 = str(1:n(1))                % 取第一个","前的字符
str2 = str(n(1) + 1:n(2))         % 取第二个","前的字符
str3 = strrep(str1,',','* 2')     % 将","用 * 2 代替
a = 5
b = 2
eval(str1)                        % 计算 str1 的值
str2 = upper(str2)                % 将字符串转换成大写字母
```

运行结果为：

```
str =
a + b,c + d,
n =
    4    8
str1 =
a + b,
str2 =
c + d,
str3 =
a + b * 2
a =
    5
b =
    2
ans =
    7
str2 =
C + D
```

常用的字符串函数如表 2-7 所示．

表 2-7　字符串函数

分　类	函 数 名	函 数 功 能
字符串比较	strcmp	比较两个字符串是否相等，相等为 1，不等为 0
	strncmp	比较两个字符串的前 n 项是否相等
	strcmpi	与 strcmp 功能相同，只是忽略大小写
	strncmpi	与 strncmp 功能相同，只是忽略大小写
字符串查找	findstr	在字符串中查找另一个字符串
	strmatch	在字符串数组中，查找匹配字符所在的行数
	strtok	查找字符串中第一个分隔符（包括空格、Enter 和 Tab 键）
其他操作	upper	将字符串中的小写字符转换成大写
	lower	将字符串中的大写字符转换成小写
	strrep	将字符串中的部分字符用新字符替换
	strjust	对齐字符串（左对齐、右对齐、居中）
	eval	执行包含 MATLAB 表达式的字符串
	blanks	空字符串
	deblank	删除字符串后面的空格
	str2mat	由独立的字符串形成文本矩阵

习题

1. 用不同的数据格式显示自然底数 e 的值，并分析各个数据格式之间有什么相同与不同之处.

2. 矩阵 $A = \begin{bmatrix} 1 & 2 & 3 \\ 4 & 5 & 6 \\ 7 & 8 & 9 \end{bmatrix}$，$B = \begin{bmatrix} 4 & 6 & 8 \\ 5 & 5 & 6 \\ 3 & 2 & 2 \end{bmatrix}$，计算 $A*B$，$A.*B$，并比较两者的区别.

3. 已知矩阵 $A = \begin{bmatrix} 5 & 2 \\ 9 & 1 \end{bmatrix}$，$B = \begin{bmatrix} 1 & 2 \\ 9 & 2 \end{bmatrix}$，做简单的关系运算 $A>B$，$A==B$，$A<B$，并做逻辑运算 $(A==B)\&(A<B)$，$(A==B)\&(A>B)$.

4. 编写一个程序，比较两个字符串 s1 和 s2，如果 s1＞s2，输出 1；如果 s1＜s2，输出为 0；如果 s1＝s2 输出为 −1.

第3章 MATLAB程序设计

M 文件程序控制语句通常包括顺序语句、循环语句、选择语句和交互语句等. 虽然 MATLAB 不像 C、Fortran 等高级语言那样具有丰富的控制语句，但是 MATLAB 自身强大的函数功能弥补了这种不足，使得用户在编写 M 文件时并不感觉困难.

3.1 顺序语句

顺序语句是最简单的控制语句，就是按照顺序从头至尾地执行程序中的各条语句. 顺序语句一般不包含其他任何子语句或控制语句.

例 3-1 一个仅由顺序语句构成的 M 文件.

解 MATLAB 命令为：
```
a = 1;
b = 2;
c = 3;
d = sin(a/b)/c;
e = cos(a/b)/c;
f = d + e
```
运行结果为：
```
f =
    0.4523
```

3.2 循环语句

在实际问题中经常会遇到一些需要有规律地重复运算的问题，此时需要重复执行某些语句，这样就需要用循环语句进行控制. 在循环语句中，被重复执行的语句称为循环体，并且每个循环语句通常都包含循环条件，以判断循环是否继续进行下去. 在 MATLAB 中提供了两种循环方式：for 循环和 while 循环.

1. for 循环语句

for 循环语句使用起来较为灵活，一般用于循环次数已经确定的情况，它的循环判断条件通常是对循环次数的判断. for 语句的调用格式为：
```
for i = 表达式 1：表达式 2：表达式 3
循环体
end
```

其中，表达式 1 为循环初值，表达式 2 为循环步长，表达式 3 为循环终值. 如果省略表达式 2，则默认步长为 1. 对于正的步长，当 i 的值大于表达式 3 的值时，将结束循环；对于负的步长，当 i 的值小于表达式 3 的值时，将结束循环. for 语句允许嵌套使用，一个 for 关键字必须和一个 end 关键字相匹配.

例 3-2　用 for 循环语句生成 $1 \sim n$ 的乘法表.

解　MATLAB 命令为：

```
% 建立 M 函数文件 chap3_li2.m
function f = chap3_li2(n)
for i = 1 : n
    for j = i : n
    f(i,j) = i * j;
    end
end


>> chap3_li2(8)
```

运行结果为：

```
ans =
    1  2  3   4   5   6   7   8
    0  4  6   8  10  12  14  16
    0  0  9  12  15  18  21  24
    0  0  0  16  20  24  28  32
    0  0  0   0  25  30  35  40
    0  0  0   0   0  36  42  48
    0  0  0   0   0   0  49  56
    0  0  0   0   0   0   0  64
```

在 for 循环语句中通常需要注意以下事项：

1）for 语句一定要有 end 关键字作为结束标志，否则以下的语句将被认为包含在 for 循环体内.

2）循环体中每条语句结尾处一般用分号 “；” 结束，以避免中间运算过程的输出. 如果需要查看中间结果，则可以去掉相应语句后面的分号.

3）如果循环语句为多重嵌套，则最好将语句写成阶梯状，这样有助于查看各层的嵌套情况.

4）不能在 for 循环体内强制对循环变量进行赋值来终止循环的运行. 例如：

```
for i = 1 : 5
    x(i) = sin(pi/i);
    i = 6；            % 强制设定循环变量值
end
x                      % 对循环变量值的设定无效
x =
    0.0000    1.0000    0.8660    0.7071    0.5878
```

2. while 循环语句

与 for 循环语句相比，while 循环语句一般用于不能确定循环次数的情况. 它的判断控制可以是一个逻辑判断语句，因此它的应用更加灵活.

while 循环语句的调用格式为：

```
while 逻辑表达式
    循环体
end
```

当逻辑表达式的值为真时，执行循环体语句；当逻辑表达式的值为假时，终止该循环. 当逻辑表达式的计算对象为矩阵时，只有当矩阵中所有元素均为真时，才执行循环体. 当表达式为空矩阵时，不执行循环体中的任何语句. 为了简单起见，通常可以用函数 all 和 any 等把矩阵表达式转换成标量. 在 while 循环语句中，可以用 break 语句退出循环.

例 3-3 寻找阶乘超过 10^{10} 的最小整数.

解 MATLAB 命令为：

```
n = 1;
while prod(1 : n)<1e10
    n = n + 1;
end
n
```

运行结果为：

```
n =
    14
```

3.3 选择语句

在一些复杂的运算中，通常需要根据满足特定的条件来确定进行何种计算，为此 MAT-LAB 提供了 if 语句和 switch 语句，用于根据条件选择相应的计算语句.

1. if 语句

if 语句根据逻辑表达式的值来确定是否执行选择语句体. if 语句的调用格式如下：

```
if    逻辑表达式 1
    选择语句体 1
elseif    逻辑表达式 2
    选择语句体 2
…
else
    选择语句体 n
end
```

当执行 if 语句时，首先判断表达式 1 的值，当表达式 1 的值为真时，执行语句体 1，执行完语句体 1 后，跳出该选择体继续执行 end 后面的语句；当表达式 1 的值为假时，跳过语句体 1 继续判断表达式 2 的值；当表达式 2 的值为真时，执行语句体 2，执行完语句体 2 后跳出选择体结构. 如此进行，当 if 和 elseif 后的所有表达式的值都为假时，执行语句体 else.

例 3-4　编写一个函数文件，计算如下分段函数的数值：

$$f(x) = \begin{cases} x, & \text{若 } x<1 \\ 2x-1, & \text{若 } 1\leqslant x\leqslant 10 \\ 3x-11, & \text{若 } 10<x\leqslant 30 \\ \sin x+\ln x, & \text{若 } x>30 \end{cases}$$

解　MATLAB 命令为：

1）建立 M 函数文件 chap3 _ li4. m：

```
function y = chap3_li4(x)        % 分段函数的计算
if x<1
   y = x;
elseif x> = 1&x< = 10
   y = 2 * x - 1;
elseif x>10&x< = 30
   y = 3 * x - 11;
else y = sin(x) + log(x)
end
```

2）调用 M 函数文件计算 $f(0.2)$，$f(2)$，$f(30)$，$f(10\pi)$：

```
Result = [chap2_li4(0.2),chap2_li4(2),chap2_li4(30),chap2_li4(10 * pi)]
```

运行结果为：

```
>> Result = [chap2_li4(0.2),chap2_li4(2),chap2_li4(30),chap2_li4(10 * pi)]
Result =
     0.2000    3.0000    79.0000    3.4473
```

2. switch 语句

switch 语句和 if 语句类似. switch 语句根据变量或表达式的取值不同分别执行不同的命令. 该语句的调用格式如下：

```
switch  表达式
case   值 1
       语句体  1
case   值 2
       语句体  2
...
otherwise
       语句体  otherwise
end
```

当表达式的值为 1 时，转到语句体 1；当表达式的值为 2 时，执行语句体 2；当表达式的值不为关键字"case"所列的值时，执行语句体 otherwise.

例 3-5　编写一个函数文件根据不同的输入值给出不同的显示信息.

解　MATLAB 命令为：

```
input_num = input('enter the number:');     % 函数 input:提示用户从命令窗口输入数值
switch input_num                             % 根据不同的输入值显示不同的信息
```

```
            case  -1               disp('negative one!');
            case  0                disp('zero!');
            case  1                disp('positive one!');
            otherwise              disp('other value!');
        end
```

将文件保存为 chap3 _ li5.

运行结果为：

```
    >> chap3_li5
    enter the number:-1
    negative one!
    >> chap3_li5
    enter the number:1
    positive one!
    >> chap3_li5
    enter the number:0
    zero!
    >> chap3_li5
    enter the number:22
    other value!
```

3.4   交互语句

在很多程序设计语言中，经常会遇到输入输出控制、提前终止循环、跳出子程序、显示出错信息等. 此时就要用到交互语句来控制程序的进行.

1. 输入输出控制语句

输入输出语句包括用户输入提示信息语句（input）和请求键盘输入语句（keyboard）.

1）input 命令用来提示用户从键盘输入数据、字符串或表达式，并接收输入值. 其调用格式如下：

- **a＝input('prompt')**   在屏幕上显示提示信息 prompt，等待用户的输入，输入的数值赋给变量 a.
- **b＝input('prompt', 's')**   返回的字符串作为文本变量而不是作为变量名或数值.

如果没有输入任何字符，而只是按回车键，input 将返回一个空矩阵. 在提示信息的文本字符串中可能包含 '\n' 字符. '\n' 表示换行输出，它允许用户的提示字符串显示为多行输出.

2）keyboard 是在 M 文件中请求键盘输入命令. 其调用格式如下：

keyboard   该命令被放置在 M 文件中时，将停止文件的执行并将控制权传给键盘.

通过在提示符前显示 K 来表示一种特殊状态. 在 M 文件中使用该命令，对程序的调试及在程序运行中修改变量都很方便.

为了终止 keyboard 模式，可以键入命令 return 然后按回车键.

2. 等待用户响应命令 pause

pause 命令用于暂时中止程序的运行. 当程序运行到此命令时，程序暂时中止，然后等待

用户按任意键继续进行. 该命令在程序的调试过程和用户需要查询中间结果时十分有用. 该命令的调用格式如下:

- **pause**　此命令将导致 M 文件的停止, 等待用户按任意键继续运行.
- **pause(n)**　在继续执行前中止执行程序 n 秒, 这里 n 可以是任意实数. 时钟的精度是由 MATLAB 的工作平台所决定的, 绝大多数工作平台都支持 0.01 秒的时间间隔.
- **pause on**　允许后续的 pause 命令中止程序的运行.
- **pause off**　保证后续的任何 pause 或 pause(n) 语句都不中止程序的运行.

3. 中断命令 break

break 语句通常用在循环语句或条件语句中. 通过使用 break 语句, 可以不必等待循环的自然结束, 而根据循环的终止条件来跳出循环.

例 3-6　编写一个函数文件, 计算鸡兔同笼问题, 即输入个数和脚数, 求解鸡兔各有多少.

解　MATLAB 命令为:

```
function [x,y] = chap3_li6(t,j)
i = 1;
while i
    if rem(j - i * 2,4) = = 0&(i + (j - i * 2)/4) = = t
        break;
    end
    i = i + 1;
end
x = i;
y = (j - 2 * i)/4;
```

运行结果为:

```
>>[x,y] = chap3_li6(36,100)
x =                   % 鸡数
        22
y =                   % 兔数
        14
```

4. continue 命令

continue 命令经常与 for 或 while 循环语句一起使用, 作用是结束本次循环, 即跳过循环体中下面尚未执行的语句, 接着进行下一次循环. 该命令的调用格式如下:

continue　结束本次循环进入下一个循环.

5. return 命令

return 命令能够使当前的函数正常退出. 这个语句经常用于函数的末尾, 以正常结束函数的运行. 当然, 该函数也经常被用于其他地方, 首先对特定条件进行判断, 然后根据需要, 调用该语句终止当前运行并返回.

6. error 语句

在进行程序设计时, 很多情况下会出现错误, 此时如果能够及时把错误显示出来, 则用

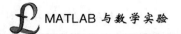

户能够根据错误信息找到错误的根源. MATLAB 提供的 error 语句就是完成这类功能. 该语句的调用格式如下：

- **error('message')** 显示错误信息，并将控制权交给键盘. 提示的错误信息是字符串 message 的内容. 如果 message 是空的字符串，则 error 命令将不起作用.
- **error('message', a1, a2,)** 显示的错误信息字符串中包含格式化字符，如用于 MATLAB sprintf 函数中的特殊字符. 在提示信息中每一个转化字符被转换成参数表中的 a1，a2，…
- **error('message_id', 'message')** 将错误信息与一个标识符或 message_id 联系起来. 这样该标识符可以帮助用户区分错误的来源.
- **error('message_id', 'message', a1, a2,)** 包含格式转换字符.

7. warning 语句

warning 语句的用法与 error 语句类似，与 error 不同的是，函数 warning 不会中断程序的执行，而仅给出警告信息.

8. echo 语句

一般情况下，M 文件执行时，在命令窗口中看不到文件中的命令，但在某些情况下，我们需要查看 M 文件中命令的执行情况. 为此需要将 M 文件中的所有命令在执行过程中显示出来，此时可以应用 echo 命令.

 ## 习题

1. 用 $\dfrac{\pi}{4} = 1 - \dfrac{1}{3} + \dfrac{1}{5} - \dfrac{1}{7} + \cdots$ 公式求 π 的近似值，直到某一项的绝对值小于 10^{-6} 为止.

2. 编写一个转换成绩等级的程序，其中成绩等级转换标准为：考试分数在 $[90, 100]$ 的显示为优秀；分数在 $[80, 90)$ 的显示为良好；分数在 $[60, 80)$ 的显示为及格；分数在 $[0, 60)$ 的显示为不及格.

3. 编写函数，计算 $1! + 2! + \cdots + 50!$.

4. 利用 for 循环找出 $100\sim200$ 之间的所有素数.

5. 求斐波那契（Fibonacci）数列前 40 个数. 数列特点：第 1，2 两个数为 1，1. 从第 3 个数开始，该数是其前两个数之和. 即

$$F_1 = 1 \qquad\qquad (n = 1)$$
$$F_2 = 1 \qquad\qquad (n = 2)$$
$$F_n = F_{n-1} + F_{n-2} \qquad (n > 2)$$

6. 编写程序，判断某一年是否为闰年. 闰年的条件是：（1）能被 4 整除，但不能被 100 整除的年份都是闰年，如 1996 年和 2004 年；（2）能被 100 整除，又能被 400 整除的年份是闰年，如 1600 年和 2000 年. 不符合这两个条件的年份不是闰年.（提示：rem 命令可以计算两数相除后的余数.）

MATLAB 绘图

第 **4** 章

MATLAB 不仅具有强大的数值运算功能，也同样具有强大的二维和三维绘图功能．MATLAB 提供了功能非常强大、使用方便的图形编辑功能，通过图形，用户可以直接观察数据间的内在关系，也可以方便地分析各种数据结果．

MATLAB 的数据可视化和图像处理两大功能块几乎满足了一般实际工程、科学计算中的所有图形图像处理的需要．在数据的可视化方面，MATLAB 可使用户计算所得的数据根据其不同的情况转化成相应的图形．用户可以选择直角坐标、极坐标等不同的坐标系；它可以表现出平面图形、空间图形、绘制直方图、向量图、柱状图及空间网面图、空间表面图等．当初步完成图形的可视化后，MATLAB 还可对图形做进一步加工——初级操作（如标注、添色、变换视角）、中级操作（如控制色图、取局部视图、切片图）和高级操作（如动画、句柄等）．总之，这一系列命令与操作足以实实在在地表达各种理想视图．

4.1 MATLAB 二维曲线绘图

4.1.1 基本绘图指令

1. plot 函数

MATLAB 函数 plot 是一个简单而且使用广泛的线性绘图指令．利用它可以生成线段、曲线和参数方程曲线的函数图形．其他的二维绘图命令都是以 plot 为基础的，而且调用方式与该命令类似．

plot 绘图命令有为一些常用形式：

（1）**plot(Y)**

功能：画一条或多条折线图．其中 Y 是数值向量或数值矩阵．

说明：如果 **Y** 是实数向量，MATLAB 会以 **Y** 向量元素的下标为横坐标，元素的数值为纵坐标绘制折线；如果 **Y** 是复数向量，则以向量元素的实部为横坐标，虚部为纵坐标绘制折线；如果 **Y** 是实数矩阵，MATLAB 为矩阵的每一列画出一条折线，绘图时，以矩阵 **Y** 每列元素的相应下标值为横坐标，以 **Y** 的元素为纵坐标绘制折线图；如果 **Y** 是复数矩阵，MATLAB 为矩阵的每一列画出一条折线，绘图时，分别以矩阵 **Y** 每一列元素的实部为横坐标，虚部为纵坐标绘制折线图．

例 4-1 运行如下命令：

```
y = [2,3,5,6;8,5,7,4;4,5,6,7];
plot(y)
```

运行结果如图 4-1 所示．

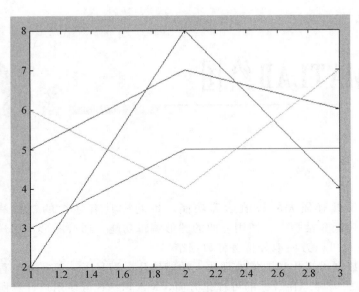

图 4-1　向量式图形

（2）**plot(X，Y)**

功能：画一条或多条折线图. 其中 **X** 和 **Y** 可以是向量或矩阵.

说明：如果 **X** 与 **Y** 均为实数向量，MATLAB 会以 **X** 为横坐标，**Y** 为纵坐标绘制折线，此时 **X** 与 **Y** 必须同维；如果 **X** 与 **Y** 都是 $m \times n$ 矩阵，plot(X，Y) 将在同一图形窗口中绘制 n 条不同颜色的折线. 其绘图规则为：以矩阵 **X** 的第 i 列分量作为横坐标，矩阵 **Y** 的第 i 列分量作为纵坐标，绘制出第 i 条连线.

如果 **X** 是向量，**Y** 是矩阵，并且向量的维数等于矩阵的行数（或列数），plot(X，Y) 将以向量 **X** 为横坐标，分别以矩阵 **Y** 的每一列（或每一行）为纵坐标，在同一坐标系中画出多条不同颜色的折线图；如果 **X** 是矩阵，**Y** 是向量，情况与上面类似，**Y** 向量是这些曲线的纵坐标.

上述几种使用形式中，若有复数出现，则不考虑复数的虚数部分.

注　plot(x，y) 命令可以用来画连续函数 $f(x)$ 的图形，其中定义域是 $[a，b]$. 绘图时用命令 x＝a：h：b 获得函数 $f(x)$ 在绘图区间 $[a，b]$ 上的自变量点向量数据，对应的函数值向量为 $y＝f(x)$. 步长 h 可以任意选取，一般步长越小，曲线越光滑，但是步长太小会增加计算量，运算速度要降低. 所以一定选取一个合适的步长.

例 4-2　在区间 $[-\pi，\pi]$ 上，绘制函数 $y＝\sin x$ 图形.

解　MATLAB 命令为：

```
x = - pi : pi/50 : pi;
y = sin(x);
plot(x,y),grid on
```

运行结果如图 4-2 所示.

例 4-3　画出椭圆 $\dfrac{x^2}{5^2}+\dfrac{y^2}{9^2}＝1$ 的曲线图.

分析　对于这种情形，我们首先把它写成参数方程

$$\begin{cases} x = 5\cos t \\ y = 9\sin t \end{cases} (0 \leqslant t \leqslant 2\pi)$$

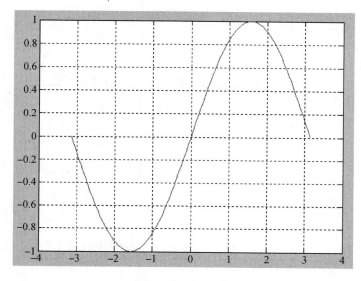

图 4-2　曲线 $y = \sin x$

解　MATLAB 命令为:

```
t = 0 : pi/50 : 2 * pi;
x = 5 * cos(t);
y = 9 * sin(t);
plot(x,y),grid on
```

运行结果如图 4-3 所示.

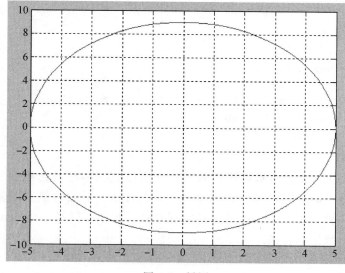

图 4-3　椭圆

例 4-4   绘制两条曲线 $y=\sin(x+3)$，$y=\mathrm{e}^{\sin(x)}$ 的图形．

解   MATLAB 命令为：

```
x = - 2 * pi : pi/50 : 2 * pi;
y = [sin(x + 3);exp(sin(x))];
plot(x,y),grid on
```

运行结果如图 4-4 所示．

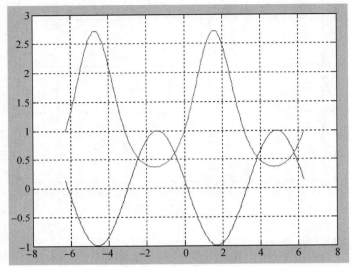

图 4-4   例 4-4 的绘图结果

（3）plot(X1，Y1，X2，Y2，X3，Y3，…)

功能：在同一图形窗口画出多条折线或曲线．

例 4-5   在同一图形窗口画出三个函数 $y=2x$，$y=\cos x$，$y=\sin x$ 的图形，自变量范围为 $-3\leqslant x\leqslant 3$．

解   MATLAB 命令为：

```
x = - 3 : 0.1 : 3;
y1 = 2 * x;y2 = cos(x);y3 = sin(x);
plot(x,y1,'*',x,y2,'P',x,y3)
% 第一条曲线用星号画出,第二条曲线用五角星画出,第三条曲线默认用实线画出
legend('2 * x','cos(x)','sin(x)')  % 图例标注
```

运行结果如图 4-5 所示．

2. 对数图形函数

在很多工程问题中，通过对数据进行对数转换可以更清晰地看出数据的某些特征，在对数坐标系中描绘数据点的曲线，可以直接地表现对数转换．对数转换有双轴对数坐标转换和单轴对数坐标转换两种．用 loglog 函数可以实现双轴对数坐标转换，用 semilog$x$ 和 semilog$y$ 函数可以实现单轴对数坐标转换．

（1）semilog$x$ 命令

用该函数绘制图形时，x 轴采用对数坐标．若没有指定使用的颜色，当所画线条较多时，

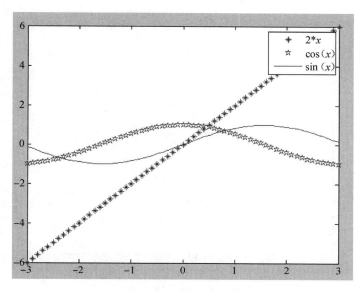

图 4-5　例 4-5 的绘图结果

semilog$x$ 将自动使用由当前轴的 ColorOrder 和 LineStyleOrder 属性指定的颜色顺序和线型顺序来画线. 调用方法如下：

- **semilogx（Y）**　该函数对 x 轴的刻度求常用对数（以 10 为底），而 y 轴为线性刻度. 若 **Y** 为实数向量或矩阵，则结合 **Y** 列向量的下标与 **Y** 的列向量画出线条. 若 **Y** 为复数向量或矩阵，则 semilog$x$（**Y**）等价于 semilog$x$（real（**Y**），imag（**Y**））. 在 semilog$x$ 的其他使用形式中，**Y** 的虚数部分将被忽略.

- **semilogx（X1，Y1，X2，Y2…）**　该函数结合 **X**n 和 **Y**n 画出线条，如果 **X**n 是向量，**Y**n 是矩阵，并且向量的维数等于矩阵的行数（或列数），则该函数将以向量 **X** 为横坐标，分别以矩阵 **Y** 的每一列（或每一行）为纵坐标，在同一坐标系中画出多条不同颜色的线条.

- **semilogx（X1，Y1，LineSpec1，X2，Y2，LineSpec2，…）**　该函数按顺序取三个参数 **X**n，**Y**n，LineSpec$n$ 画图，参数 LineSpec$n$ 指定使用的线型、标记符号和颜色.

（2）semilog$y$ 命令

用该函数绘制图形时，y 轴采用对数坐标，调用命令格式与 semilog$x$ 相同.

（3）loglog 命令

用该函数绘制图形时，x 轴和 y 轴均采用对数坐标，调用命令格式与 semilog$x$ 相同.

例 4-6　绘制函数 $y = \mathrm{e}^x$ 双轴对数图形.

　　解　MATLAB 命令为：

```
x = 1 : 10;        % 在[1,10]区间创建等间隔的数据点
y = exp(x);
loglog(x,y)
```

运行结果如图 4-6 所示.

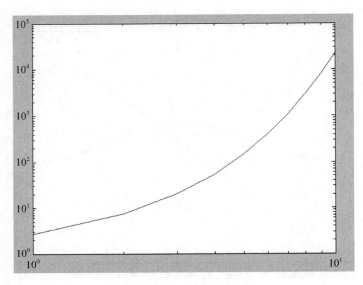

图 4-6　双轴对数图形

例 4-7　绘制指数函数 $y = e^x$ 的单轴对数图形，其中纵轴采用对数坐标，横轴采用线性坐标.

　　解　MATLAB 命令为：

```
x = 1 : 10;
y = exp(x);
semilogy(x,y)
```

运行结果如图 4-7 所示.

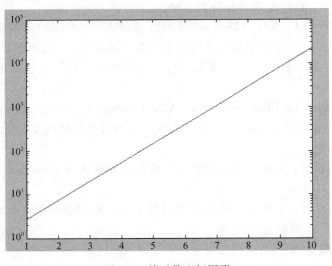

图 4-7　单对数坐标图形

3. 双坐标轴函数 plotyy

双坐标轴问题是科学计算和绘图中经常遇到的问题，当需要将同一个自变量的两个（或者多个）不同量纲、不同数量级的函数曲线绘制在同一个图形中时，就需要在图形中使用双坐标轴. plotyy 函数的调用格式为：

- **plotyy（X1，Y1，X2，Y2）** 该函数用左侧的 Y 轴标度来绘制 $X1$，$Y1$ 对应的图形，右侧的 Y 轴标度来绘制 $X2$，$Y2$ 对应的图形.
- **plotyy（X1，Y1，X2，Y2，'function'）** 该函数用参数 function 指定绘图所用到的函数，然后根据该绘制函数和提供的数据绘制每个图形. 其中，参数 function 可以是 plot、semilogx、semilogy、loglog、stem 或 MATLAB 定义的任意函数.
- **plotyy（X1，Y1，X2，Y2，'function1'，'function2'）** 对于图形左侧的坐标，根据参数 function1 定义的绘制函数来绘制 $X1$ 及 $Y1$ 的数据图形，对于图形右侧的坐标，根据参数 function2 定义的绘制函数来绘制 $X2$ 及 $Y2$ 的数据图形.
- **［AX，H1，H2］=plotyy（…）** 该函数将创建的坐标轴句柄保存到返回参数 AX 中，将绘制的图形对象句柄保存在返回参数 H1 和 H2 中. 其中，AX(1) 中保存的是左侧轴的句柄值，AX(2) 中保存的是右侧轴的句柄值.

例 4-8 利用 plotyy 来绘制多轴标度图形.

解 MATLAB 命令为：

```
x = 0：0.01：20;
y1 = 200 * exp( - 0.05 * x). * sin(x);
y2 = 0.8 * exp( - 0.5 * x). * sin(10 * x);
[ax,h1,h2] = plotyy(x,y1,x,y2);          % 绘制多轴标度图形
set(get(ax(1),'ylabel'),'string',' 慢衰减 ')     % 标注左侧纵坐标轴
set(get(ax(2),'ylabel'),'string',' 快衰减 ')     % 标注右侧纵坐标轴
xlabel(' 时间 ')                         % 标注横坐标
title(' 不同衰减速度对比 ')                % 添加标题
```

运行结果如图 4-8 所示.

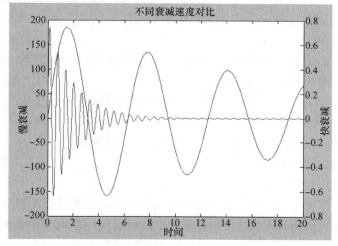

图 4-8 多轴标注图形

4.1.2　基本绘图控制参数

（1）图形窗口 figure

figure 是所有 MATLAB 图形输出的专用窗口．当 MATLAB 没有打开图形窗口时，如果执行了一条绘图指令，该指令将自动创建一个图形窗口．而 figure 命令可以自己创建窗口，使用格式为：

> **figure；**
>
> **figure(n)；**　打开第 n 个图形窗口

（2）清除图形窗口 clf

（3）控制分隔线 grid

grid 指令的使用格式如下：

- **grid**　在 grid on 与 grid off 之间进行切换．
- **grid on**　在图中使用分隔线．
- **grid off**　在图中消隐分隔线．

（4）图形的重叠绘制 hold

hold 指令的使用格式如下：

- **hold**　在 hold on 与 hold off 之间进行切换．
- **hold on**　保留当前图形和它的轴，使此后图形叠放在当前图形上．
- **hold off**　返回 MATLAB 的默认状态．此后图形指令运作将抹掉当前窗口中的旧图形，然后画上新图形．

（5）取点指令 ginput

该命令是 plot 命令的逆命令，它的作用是在二维图形中记录下鼠标所选点的坐标值．使用格式为：

- **ginput**　可以无限制地选点，当选择完毕时，按 Enter 键结束命令．
- **ginput(n)**　必须选择 n 个点才可以结束命令．

（6）图形放大指令 zoom

该命令对二维图形进行放大或缩小．放大或缩小会改变坐标轴范围．其使用格式如下：

- **zoom on**　使系统处于可放大状态．
- **zoom off**　使系统回到非放大状态，但前面放大的结果不会改变．
- **zoom**　在 zoom on 与 zoom off 之间进行切换．
- **zoom out**　使系统回到非放大状态，并将图形恢复原状．
- **zoom xon**　对 x 轴有放大作用．
- **zoom yon**　对 y 轴有放大作用．
- **zoom reset**　系统将记住当前图形的放大状态，作为放大状态的设置值．以后使用 zoom out 命令将放大状态打开时，图形并不是返回到原状，而是返回 reset 时的放大状态．
- **zoom(factor)**　用放大系数 factor 对图形进行放大或缩小．若 factor>1，系统将图形放大 factor 倍，若 0<factor<1，系统将图形放大 1/factor 倍．

例 4-9　利用 hold 指令、grid 指令在同一坐标系中画出为两条曲线.
$$y = \cos x, y = \sin x, x \text{ 满足 } 0 \leqslant x \leqslant 2\pi$$

解　MATLAB 命令为：

```
x = 0 : pi/50 : 2 * pi;
y1 = cos(x); y2 = sin(x);
plot(x,y1,'b * ')
hold on,
plot(x,y2,'r. '),grid on
```

运行结果如图 4-9 所示.

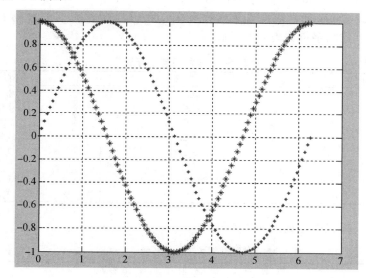

图 4-9　两条参数曲线

4.1.3　坐标轴的控制

在 MATLAB 中可以利用指令 axis 来完成坐标轴的控制. 其使用格式是：

- **axis**([**xmin xmax ymin ymax**])　设定二维图形坐标轴的范围.
- **axis**([**xmin xmax ymin ymax zmin zmax**])　设定三维图形坐标轴的范围.
- **axis**　在 axis on 与 axis off 之间进行切换.
- **axis on**　恢复消隐的坐标轴.
- **axis off**　使坐标轴消隐.
- **axis auto**　将坐标轴的取值范围设为默认值.
- **axis ij**　坐标原点设置在图形窗口的左上角，坐标轴 i 垂直向下，j 水平向右.
- **axis xy**　设定为笛卡儿坐标系.
- **axis equal**　使坐标轴在三个方向上刻度增量相同.
- **axis square**　使坐标轴在三个方向上长度相同.
- **axis tight**　将数据范围设置为刻度.
- **axis normal**　默认的矩阵坐标系.
- **axis image**　等长刻度，坐标框紧贴数据范围.

- **axis fill** 使坐标充满整个绘图区.

4.1.4 线条属性

二维绘图指令还可以修改曲线线条的属性，比如曲线线型、标记类型、颜色、标记符号的大小等. 具体为：

plot(**X**，**LineSpec**)

plot(**X**，**Y**，**LineSpec**)

plot(**X1**，**Y1**，**LineSpec1**，**X2**，**Y2**，**LineSpec2**，…)

plot(…，'**PropertyName**'，**PropertyValue**，…)

说明   参数 LineSpec 的功能是定义线的属性. MATLAB 允许用户对线条定义为属性.

1) 颜色. 颜色控制字符如表 4-1 所示.

表 4-1   颜色控制字符表

色彩字符	色 彩	RGB 值
y/yellow	黄色	1 1 0
m/magenta	洋红	1 0 1
c/cyan	青色	0 1 1
r/red	红色	1 0 0
g/green	绿色	0 1 0
b/blue	蓝色	0 0 1
w/white	白色	1 1 1
k/black	黑色	0 0 0

2) 标记类型. 标记类型如表 4-2 所示.

表 4-2   标记类型

绘图字符	数 据 点	绘图字符	数 据 点
.	黑点	d	钻石形
o	小圆圈	^	三角形（向上）
x	差号	v	三角形（向下）
+	十字标号	<	三角形（向左）
*	星号	>	三角形（向右）
s	小方块	h	六角星
p	五角星		

3) 线型. 线型控制字符如表 4-3 所示.

4) 线条宽度. 指定线条的宽度，取值为整数（单位为像素点）. 例如 plot(x，y，'linewidth'，2).

5) 标记大小. 指定标记符号的大小尺寸，取值为整数（单位为像素点）. 例如 plot(x，y，'markersize'，12).

6) 标记面填充颜色. 指定用于填充标记符面的颜色. 取值见表 4-1. 例如 plot(x，y，'markerfacecolor'，[0.49 1 0.63]).

表 4-3   线型控制字符表

线型符号	线 型
—	实线
:	点线
—.	点划线
——	虚线

7）标记周边颜色．指定标记符颜色或者是标记符（小圆圈、小方块、钻石形、五角星、六角星和四个方向的三角形）周边线条的颜色．取值见表 4-1．例如 plot(x，y，'markeredgecolor'，['k'])．

在所有能产生线条的命令中，参数 LineSpec 可以定义线条的下面三个属性：线型、标记类型、颜色．对线条的上述属性的定义可用字符串来完成，如 plot(x，y，'－－og')．

例 4-10　绘制函数 $y=\cos 2t$ 的图像，并定义线条的属性．

解　MATLAB 命令为：

```
t = 0 : pi/25 : 2 * pi;
plot(t,cos(2 * t),'- mo','linewidth',2,'markeredgecolor','k',...
'markerfacecolor',[0.49 1 0.63],'markersize',10)
```

运行结果如图 4-10 所示．

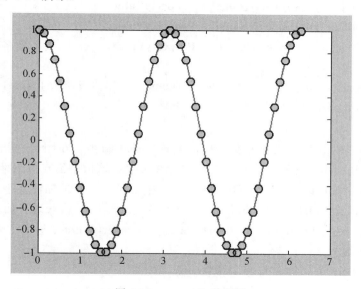

图 4-10　$y=\cos 2t$ 的图形

4.1.5　图形的标注

MATLAB 可以在画出的图形上加各种标注及文字说明，以丰富图形的表现力．图形标注主要有图名标注、坐标轴标注、文本标注和图例标注等．

1. 图名标注

在 MATLAB 中，通常可以用三种方法对图名进行标注：

1）通过"Insert"→"Title"菜单命令添加图名．选择"Insert"→"Title"菜单，MATLAB 将在图形顶端打开一个文本框，用户可以在文本框里输入标题．

2）使用属性编辑器（Property Editor）添加图名．选择"Tools"→"Edit Plot"，激活图形编辑状态，在图形框内双击空白区域即可调出属性编辑器．也可以选择"View"→"Property Editor"调出属性编辑器．然后在 title 输入框里添加图名．

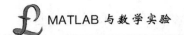

3）使用 title 函数标注图名，命令格式为：

- **title（'String'）**　在图形的顶端加注文字作为图名
- **title（'String'，'PropertyName'，PropertyValue，…）**　定义图名所用字体、大小、标注角度

2. 坐标轴标注

坐标轴标注方法与图名标注的方法相同，也可以通过"Insert"菜单、属性编辑器和函数三种方法完成，这里只介绍函数方法.

坐标轴标注使用命令 xlabel、ylabel、zlabel，调用格式为：

- **xlabel（'String'），ylabel（'String'），zlabel（'String'）**　在当前图形的 x 轴、y 轴、z 轴旁边加入文字内容.
- **xlabel（'String'，'PropertyName'，PropertyValue，…）**.
- **ylabel（'String'，'PropertyName'，PropertyValue，…）**.
- **zlabel（'String'，'PropertyName'，PropertyValue，…）**　定义轴名所用字体、大小、标注角度.
- **xlabel（fname）、ylabel（fname）、zlabel（fname）**　先执行函数 fname，它返回一个字符串，然后在 x 轴、y 轴、z 轴旁边显示出来.

3. 图形标注

MATLAB 还提供对所绘图形的文字标注功能：text 指令，在图形中指定的点上加注文字；gtext 指令，先利用鼠标定位，再在此位置加注文字，该指令不支持三维图形.

- **text（x，y，'String'）**　适用于二维图形，在点（x，y）上加注文字 String.
- **text（x，y，z，'String'）**　适用于三维图形，在点（x，y，z）上加注文字 String.
- **text（x，y，z，'String'，'PropertyName'，PropertyValue，…）**　添加文本 String，并设置文本属性.
- **gtext（'String'）**　在鼠标指定位置上标注.

说明　使用 gtext 指令后，会在当前图形上出现一个十字叉，等待用户选定位置进行标注. 移动鼠标到所需位置按下鼠标左键，MATLAB 就在选定位置标上文字.

4. 图例标注

当在一幅图中出现多种曲线时，结合在绘制时的不同线性与颜色等特点，用户可以使用图例加以说明. 图例标注可以通过"Insert"菜单和 legend 函数两种方法完成. legend 的使用格式为：**legend（'String1'，'String2'，'String3'，…）**.

4.1.6　一个图形窗口多个子图的绘制

subplot 指令不仅适用于二维图形而且也适用于三维图形. 其本质是将窗口分为几个区域，再在每个小区域中画图. 其命令格式如下：

- **subplot（m，n，i）或 subplot（mni）**　把图形窗口分为 $m \times n$ 个子图，并在第 i 个子图中画图.
- **subplot（m，n，i，'replace'）**　如果在绘制图形的时候已经定义了坐标轴，该命令将

删除原来的坐标轴，并创建一个新的坐标轴系统.

- **subplot('position'，[left bottom width height])**　　在普通坐标系中创建新的坐标系.
  并且各个参数在 0～1 之间取值.

例 4-11　在同一坐标系中画出两个函数 $y=\cos 2x$，$y=\sin x\sin 6x$ 的图形，自变量范围为 $0\leqslant x\leqslant \pi$，函数 $y=\cos 2x$ 用红色星号，函数 $y=\sin x\sin 6x$ 用蓝色实线，并加图名、坐标轴、图形、图例标注.

　　解　MATLAB 命令为：

```
x = 0 : pi/50 : pi;
y1 = cos(2 * x); y2 = sin(x). * sin(6 * x);
plot(x,y1,'r * ',x,y2,'b - '),grid on
title('曲线 y1 = cos(2x)与 sin(x)sin(6x)')
xlabel('x 轴 '),ylabel('y 轴 ')
gtext('y1 = cos(2x)'),gtext('y2 = sin(x)sin(6x)')
legend('y1 = cos(2x)','y2 = sin(x)sin(6x)')
```

运行结果如图 4-11 所示.

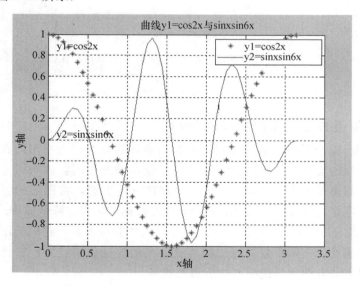

图 4-11　曲线 $y1=\cos 2x$ 与 $\sin x\sin 6x$ 的图形

例 4-12　演示 subplot 指令对图形窗口的分割.

　　解　MATLAB 命令为：

```
clf;
x = - 2 : 0.2 : 2;
y1 = x + sin(x); y2 = sin(x). /x; y3 = (x. ^2);
subplot(2,2,1),plot(x,y1,'m. '),grid on,title('y = x + sinx')
subplot(2,2,2),plot(x,y2,'rp'),grid on,title('y = sinx/x')
subplot('position',[0.2,0.05,0.6,0.45]),
plot(x,y3),grid on,text(0.3,2.3,'x ^2')
```

运行结果如图 4-12 所示.

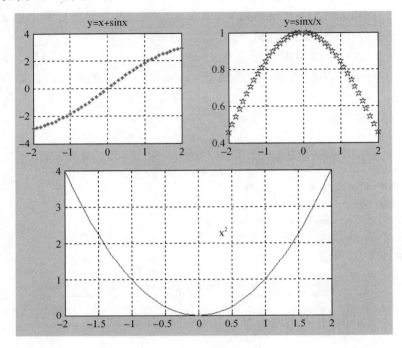

图 4-12   subplot 指令对图形窗口的分割

4.1.7   绘制数值函数二维曲线的指令 fplot

前面介绍的 plot 命令是将函数数值得到的数值矩阵转化为连线图形. 在实际应用中, 如果不太了解某个函数的变化趋势, 在使用 plot 命令绘制该图形时, 就有可能因为自变量的范围选取不当而使函数图像失真. 这时我们可以根据微分的思想, 将图形的自变量间隔取得足够小来减小误差, 但是这样做会增加 MATLAB 处理数据的负担, 降低效率.

MATLAB 提供 fplot 函数来解决该问题. fplot 函数的特点是: 它的绘图数据点是自适应产生的. 在函数平坦处, 它所取数据点比较稀疏; 在函数变化剧烈处, 它将自动取较密的数据点. 这样就可以十分方便地保证绘图的质量和效率.

fplot 的格式是: **fplot(fun, limits, tol, linespec)**.

说明: fun 是函数名, 可以是 MATLAB 已有的函数, 也可以是自定义的 M 函数; 还可以是字符串定义的函数; limits 表示绘制图形的坐标轴取值范围, 有两种方式: [xmin xmax] 表示图形 X 坐标轴的取值范围, [xmin xmax ymin ymax] 则表示 X, Y 坐标轴的取值范围, tol 是相对误差, 默认值为 $2e-3$; linespec 表示图形的线型、颜色和数据点等设置.

例 4-13   分别利用指令 plot 与 fplot 绘制曲线 $y = \cos(1/x)$ 在区间 [-1, 1] 的图像, 并作比较.

解   1) 用 plot 指令画图. MATLAB 命令为:

```
x = -1 : 0.1 : 1;
y = cos(1. /x)
plot(x,y)
```

运行结果如图 4-13 所示.

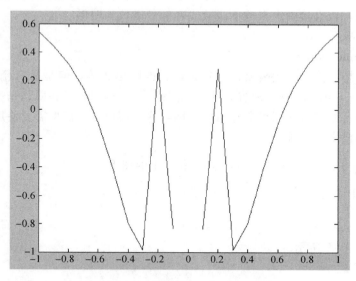

图 4-13　横坐标等分取点绘图

2）用 fplot 指令画图．MATLAB 命令为：

```
fplot('cos(1. /x)',[-1,1])
```

运行结果如图 4-14 所示.

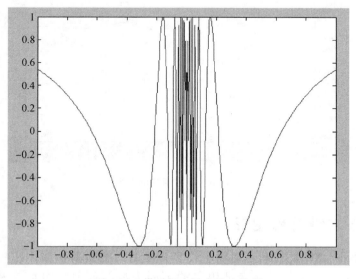

图 4-14　横坐标自适应取点绘图

4.1.8　绘制符号函数二维曲线的指令 ezplot

ezplot 指令是 MATLAB 为用户提供的简易二维图形指令. 其指令名称的前两个字符 "ez" 就是 "easy to",表示对应的指令是简易指令. 这个命令的特点是,不需要用户对图形准备任何的数据,就可以直接画出字符串函数或者符号函数的图形.

ezplot 指令的调用格式:

ezplot(F,[xmin,xmax])

说明:F 可以是字符串表达函数、符号函数、内联函数等,但是所有函数都只能是一元函数. 如果区间 [xmin,xmax] 缺省,默认区间是 [-2π,2π]. 在默认情况下,ezplot 指令会将函数表达式和自变量写成图形名称与横坐标名称,用户可以根据需要使用 title、xlabel 命令来命名图名称和横坐标名称.

例 4-14　绘制 $y=\dfrac{2}{3}e^{-\frac{t}{2}}\cos\dfrac{3}{2}t$ 在区间 [0,4pi] 上的图形.

解　MATLAB 命令为:

```
syms t
ezplot('2/3*exp(-t/2)*cos(3/2*t)',[0,4*pi])
```

运行结果如图 4-15 所示.

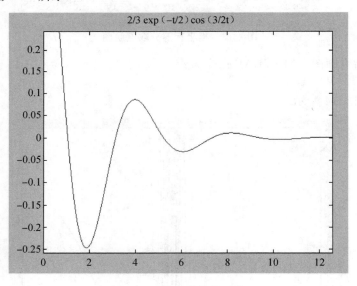

图 4-15　符号函数的图形

4.2　MATLAB 二维特殊图形

除了 plot 指令外,MATLAB 还提供了许多其他的二维绘图指令,这些指令大大扩充了 MATLAB 的曲线作图指令,可以满足用户的不同需要. 各种绘图指令及其功能如表 4-4 所示.

表 4-4 二维特殊绘图指令

函数名称	功　　能	函数名称	功　　能
area	填满绘图区域	contourf	填充的等高线图
bar	条形图	clabel	等高线图标出字符
barh	水平条形图	feather	羽状图
compass	极坐标向量图	fill	填满两维多边形
comet	彗星轨迹图	pie	饼图
errorbar	误差条图	stem	离散杆图
quiver	矢量图	stairs	阶梯图
pcolor	伪色彩图	plotmatrix	矩阵散布图
contour	等高线图	ribbon	带状图

4.2.1 条形图

MATLAB 中使用函数 bar 和 barh 来绘制二维条形图，分别是绘制二维垂直条形图和二维水平条形图. 这两个函数的用法相同，其调用格式为：

1）**bar(Y)**　若 Y 为向量，则分别显示每个分量的高度，横坐标为 1 到 length(Y)；若 Y 为矩阵，则把 Y 分解成行向量，再分别画出，横坐标取 1 到 size(Y，1)，即矩阵的行数.

2）**bar(X，Y)**　在指定的横坐标 X 上画出 Y.

3）**bar(X，Y，width)**　参数 width 用来设置条形的相对宽度和控制在一组内条形的间距. 默认值为 0.8，所以，如果用户没有指定 width，则同一组内的条形有很小的间距；若设置 width 为 1，则同一组内的条形相互接触.

4）**bar(X，Y，'style')**　指定条形的排列类型. 类型有 "group" 和 "stack"，其中 "group" 为默认的显示模式.

- group：若 Y 为 $n \times m$ 的矩阵，则 bar 显示 n 组，每组有 m 个垂直条形的条形图.
- stack：对矩阵 Y 的每一个行向量显示在一个条形中，条形的高度为该行向量中的分量和. 其中同一条形中的每个分量用不同的颜色显示出来，从而可以显示每个分量在向量中的分布.

例 4-15　使用 bar 函数与 barh 函数绘图.

解　MATLAB 命令为：

```
y = rand(6,4) * 8;
subplot(2,2,1),bar(y,'group'),title('group')
subplot(2,2,2),bar(y,'stack'),title('stack')
subplot(2,2,3),barh(y,'stack'),title('stack')
subplot(2,2,4),bar(y,1.6),title('group')
```

运行结果如图 4-16 所示.

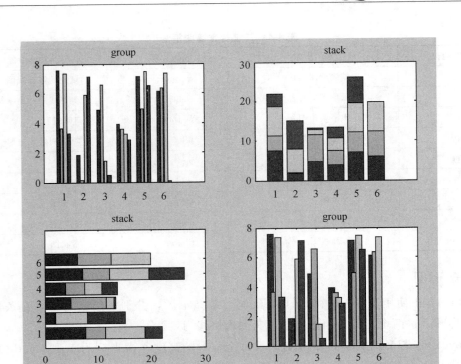

图 4-16　二维条形图

4.2.2　面积图

函数 area 显示向量或矩阵中各列元素的曲线图，该函数将矩阵中的每列元素分别绘制曲线，并填充曲线和 x 轴之间的空间.

面积图在显示向量或是矩阵中的元素在 x 轴的特定点占所有元素的比例时十分直观，在默认情况下，函数 area 将矩阵中各行的元素集中并将这些值绘成曲线.

其调用格式为：

- **area(Y)** 绘制向量 Y 或矩阵 Y 各列的和.
- **area(X，Y)** 若 X 和 Y 是向量，则以 X 中的元素为横坐标，Y 中元素为纵坐标，并且填充线条和 x 轴之间的空间；如果 Y 是矩阵，则绘制 Y 每一列的和.

例 4-16　绘制面积图.

解　MATLAB 命令为：

```
x = 1:4;
y = [1 4 2;2 4 3;4 7 5;0 5 4];
area(x,y)
```

运行结果如图 4-17 所示.

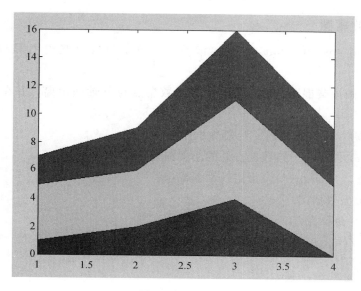

图 4-17　面积图

4.2.3　饼形图

饼形图可以显示向量或矩阵中元素在总体的百分比. 因此在统计学中, 经常要用饼形图来表示各个统计量占总量的份额. MATLAB 中使用 pie 函数来绘制二维饼形图. 其调用格式为:

- **pie(Y)**　绘制 Y 的饼形图, 如果 Y 是向量, 则 Y 的每个元素占有一个扇形, 其顺序为从饼形图上方正中开始, 以逆时针为序, 分别是 Y 的每个元素; 如果 Y 是矩阵, 则按照各列的顺序排列. 在绘制时, 如果 Y 的元素之和大于 1, 则按照每个元素所占的百分比绘制, 如果元素之和小于 1, 则按照每个元素的值绘制, 绘制出一个不完整的饼形图.

- **pie(Y, explode)**　参数 explode 设置相应的扇形偏离整体图形, 用于突出显示.

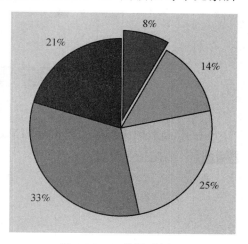

例 4-17　某班数学考试, 90 分以上 30 人, 80~90 分 48 人, 70~80 分 36 人, 60~70 分 20 人, 60 分以下 12 人, 绘制二维饼形图.

解　MATLAB 命令为:

```
x = [30 48 36 20 12];
explode = [0 0 0 0 1];%让不及格的部分脱离饼图
pie(x,explode)
```

运行结果如图 4-18 所示.

图 4-18　二维饼形图

4.2.4 离散型数据图

MATLAB 使用 stem 和 stairs 绘制离散数据，分别生成火柴棍图形和二维阶梯图形.
stem 调用格式为：

- **stem(Y)** 画火柴棍图. 该图用线条显示数据点与 x 轴的距离，并在数据点处绘制一小圆圈.
- **stem(X，Y)** 按照指定的 x 绘制数据序列 y.
- **stem(X，Y，'fill')** 给数据点处的小圆圈着色.
- **stem(X，Y，'linespec')** 指定线型、标记符号和颜色.

例 4-18 绘制离散型数据图.

解 MATLAB 命令为：

```
x = 0：0.1：2;
stem(exp( - x.^2),'fill','r - .')
```

绘制出的图形如图 4-19 所示.

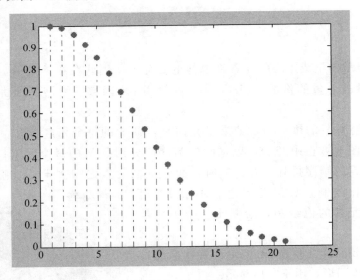

图 4-19 火柴棍图

stairs 函数用来绘制二维阶梯图形，其用法与 stem 相同，此处不再赘述.

例 4-19 绘制正弦波的阶梯图形.

解 MATLAB 命令为：

```
x = 0：pi/20：2*pi;
y = sin(2*x);
stairs(x,y)
```

运行结果如图 4-20 所示.

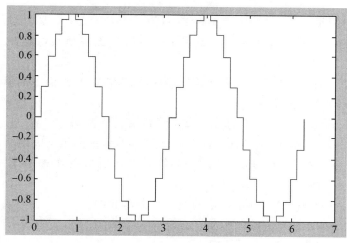

图 4-20　正弦波的阶梯图形

4.2.5　极坐标图形

在 MATLAB 中，除了可以在熟悉的直角坐标系中绘图外，还可以在极坐标系中绘制各种图形.

绘制极坐标图形使用函数 polar，其常用的调用格式为：

- **polar(t，r)**　使用极角 t 和极径 r 绘制极坐标图形.
- **polar(t，r，'linespec')**　可以设置极坐标图形中的线条线型、标记类型和颜色等主要属性.

例 4-20　绘制 $\rho = |\sin 4t|$ 在一个周期内的曲线.

解　MATLAB 命令为：

```
t = 0 : pi/50 : 2 * pi;
polar(t,abs(sin(4 * t)),'r')
```

运行结果如图 4-21 所示.

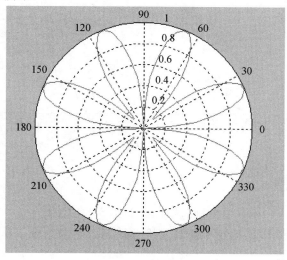

图 4-21　极坐标图形

4.2.6 等高线的绘制

等高线用于创建、显示并标注由一个或多个矩阵确定的等值线，绘制二维等高线最常用的是 contour 函数，其调用格式为：

- **contour(Z)** 绘制矩阵 Z 的等高线，绘制时将 Z 在 X-Y 平面上插值，等高线数量和数值由系统根据 Z 自动确定.
- **contour(Z，n)** 绘制矩阵 Z 的等高线，等高线数目为 n.
- **contour(Z，v)** 绘制矩阵 Z 的等高线，等高线的值由向量 v 决定.
- **contour(X，Y，Z)** 绘制矩阵 Z 的等高线，坐标值由矩阵 X 和 Y 指定，矩阵 X、Y、Z 的维数必须相同.
- **contour(…，LineSpec)** 利用指定的线型绘制等高线.

例 4-21 绘制函数 peaks 的等高线.

解 MATLAB 命令为：

```
n = -2:0.2:2;
[X,Y,Z] = peaks(n); % X 和 Y 是用于绘制等高线的坐标值,等价于 meshgrid(n)产生的值
contour(X,Y,Z,10)
```

运行结果如图 4-22 所示.

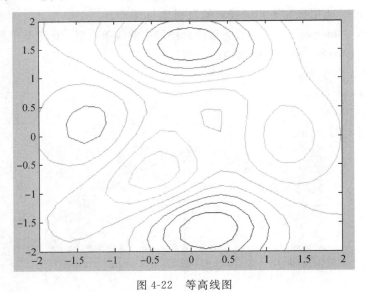

图 4-22 等高线图

4.3 三维曲线绘图

本节将详细介绍 MATLAB 中绘制三维曲线的指令和方法.

在 MATLAB 中，plot3 函数用于绘制三维曲线图. 它与指令 plot 相同，都是 MATLAB 内部函数. 其使用格式是：

- **plot3(X，Y，Z)**

- **plot3（X，Y，Z，'String'）**
- **plot3（X1，Y1，Z1，'String1'，X2，Y2，Z2，'String2'，…）**

其中，$X1$、$Y1$、$Z1$ 可以为向量或者矩阵，通过 String 来控制曲线的颜色、线型和数据点.

当 $X1$、$Y1$、$Z1$ 为长度相同的向量时，plot3 指令将绘制一条分别以向量 $X1$、$Y1$、$Z1$ 为 X、Y、Z 轴坐标值的空间曲线；当 $X1$、$Y1$、$Z1$ 为矩阵时，该命令以每个矩阵的对应列为 X、Y、Z 坐标绘制出 m 条空间曲线.

空间参数曲线的方程为 $x=x(t)$，$y=y(t)$，$z=z(t)$，参数 t 连接了变量 x,y,z 的函数关系. MATLAB 提供了空间参数曲线绘图功能.

例 4-22   绘制三维曲线的图像：

$$\begin{cases} x = t\sin t \\ y = t\cos t \quad (0 \leqslant i \leqslant 20\pi) \\ z = t \end{cases}$$

解   MATLAB 命令为：

```
t = 0 : pi/10 : 20 * pi;
x = t. * sin(t);
y = t. * cos(t);
z = t;
plot3(x,y,z)
```

运行结果如图 4-23 所示.

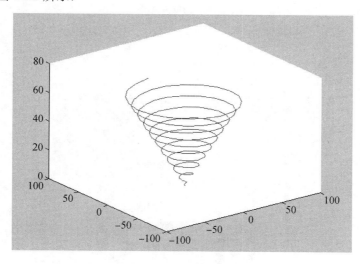

图 4-23　三维圆锥曲线图

例 4-23   在同一坐标系下绘制如下两个函数的图像：

$$\begin{cases} x = t\sin t \\ y = t\cos t \\ z = t \end{cases} \quad 与 \quad \begin{cases} x = t\sin t \\ y = t\cos t, \quad 其中(0 \leqslant t \leqslant 10\pi) \\ z = -t \end{cases}$$

解   MATLAB 命令为：

```
t = linspace(0,10 * pi,1001);
plot3(t. * sin(t),t. * cos(t),t,t. * sin(t),t. * cos(t), - t)
```

运行结果如图 4-24 所示.

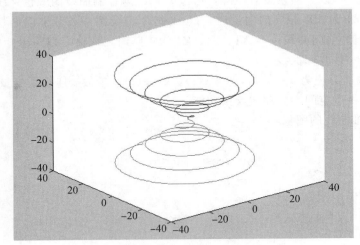

图 4-24　两条对称的三维圆锥曲线图

例 4-24　使用 plot3 函数绘制三维螺旋线，并用红色星号线画出.

解　MATLAB 命令为：

```
t = 0 : pi/50 : 10 * pi;          % 设置自变量 t 的取值范围
plot3(sin(t),cos(t),t,'r * ');
grid on;                          % 显示网格
axis square                       % 使三个坐标轴等长
```

运行结果如图 4-25 所示.

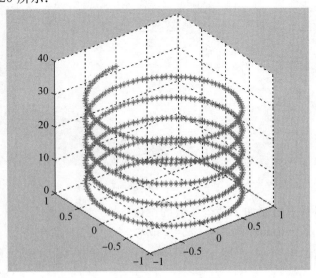

图 4-25　三维螺旋线

4.4　三维曲面绘图

二元函数 $z=f(x, y)$ 的图形是三维空间曲面，而空间曲面图形对了解二元函数特性有很大的帮助. 但是画空间曲面图形比画平面曲线图形相对复杂一些，MATLAB 给我们提供了非常方便的绘制空间曲面图形的命令，熟练掌握相关命令可以绘制出你想要的各种图形. 在绘制网线图与曲面图时，首先要做数据准备，包括产生一个"格点"矩阵，下面是几种常用格式.

4.4.1　meshgrid 命令

二元函数 $z=f(x, y)$ 的图形是三维空间曲面，在 MATLAB 中总是假设函数 $z=f(x, y)$ 是定义在矩形区域 $D=[x0, xm]\times[y0, yn]$ 上的. 为了绘制三维曲面，MATLAB 把 $[x0, xm]$ 分成 m 份，把 $[y0, yn]$ 分成 n 份，这时区域 D 就被分成 $m\times n$ 个小矩形块. 每个小矩形块有 4 个顶点（顶点也叫格点）$(xi, yi, f(xi, yi))$. 连接 4 个顶点得到一个空间中的四边形片. 所有这些四边形片就构成函数的空间网格曲面. 而函数 meshgrid 就用来生成 $x-y$ 平面上的小矩形顶点坐标值的矩阵，也称为**格点矩阵**. 函数 meshgrid 也适用于三元函数 $u=f(x, y, z)$.

meshgrid 的调用形式是：

- $[\mathbf{X}, \mathbf{Y}]=\mathbf{meshgrid}(\mathbf{x}, \mathbf{y})$　绘制二维图形时生成小矩形的格点.
- $[\mathbf{X}, \mathbf{Y}]=\mathbf{meshgrid}(\mathbf{x})$　等价于 $[X, Y]=\mathrm{meshgrid}(x, x)$.
- $[\mathbf{X}, \mathbf{Y}, \mathbf{Z}]=\mathbf{meshgrid}(\mathbf{x}, \mathbf{y}, \mathbf{z})$　绘制三维图形时生成空间曲面的格点.
- $[\mathbf{X}, \mathbf{Y}, \mathbf{Z}]=\mathbf{meshgrid}(\mathbf{x})$　等价于 $[X, Y, Z]=\mathrm{meshgrid}(x, x, x)$.

说明　x 是区间 $[x0, xm]$ 上分划点组成的向量，而 y 是区间 $[y0, yn]$ 上分划点组成的向量. 输出变量 X 与 Y 都是 $m\times n$ 矩阵，而矩阵 X 的行向量都是向量 x，矩阵 Y 的列向量都是向量 y.

例 4-25　已知向量 $x=[1, 2, 3]$，$y=[4, 7, 9, 0]$，生成它们对应的格点矩阵.

解　MATLAB 命令为：

```
x=[1 2 3];
y=[4 7 9 0];
[X,Y]=meshgrid(x,y)
```

输出结果为：

```
X =
    1     2     3
    1     2     3
    1     2     3
    1     2     3
Y =
    4     4     4
    7     7     7
    9     9     9
    0     0     0
```

利用函数 meshgrid 生成格点矩阵，然后求出各格点对应的函数值，就可以利用三维网格命令 mesh 与三维表面命令 surf 画出空间曲面. 函数 mesh 用来生成函数的网格曲面，即各网格线段组成的曲面. 而函数 surf 用来生成函数的表面曲面，即对网格曲面的网格块（四边形片）区域进行了着色.

4.4.2 三维网格命令 mesh

mesh 函数用来绘制三维网格图，其调用格式为：

- **mesh(X，Y，Z)** 用来绘制出一个网格图，图像的颜色由 Z 确定，即图像的颜色与高度成正比. X，Y，Z 可以是同维的矩阵，也可以是向量，如果 X 和 Y 为向量，那么 length(X)=n 且 length(Y)=m，其中 $[m，n]$=size(Z)，绘制的图形中，网格线上的点由坐标 $(X(j)，Y(i)，Z(i，j))$ 决定. 向量 X 对应于矩阵 Z 的列，向量 Y 对应于矩阵 Z 的行.

- **mesh(Z)** 以 Z 的元素为 Z 坐标，元素对应矩阵的行和列分别为 X 和 Y 坐标，绘制网格图.

- **mesh(X，Y，Z，C)** 其中 C 为矩阵. 绘制出的图像的颜色由 C 指定. MATLAB 对 C 进行线性变换，得到颜色映射表. 如果 X，Y，Z 为矩阵，则矩阵维数应该与 C 相同.

- **mesh(…，'PropertyName'，PropertyValue，…)** 利用指定的属性绘制图形.

- **mesh(axes_handles，…)** 利用指定的坐标轴绘制，axes_handles 为坐标轴句柄.

- **meshc(X，Y，Z)** 除了生成网格曲面外，还在 x-y 平面上生成曲面的等高线图形.

- **meshz(X，Y，Z)** 除了生成与 mesh 相同的网格曲面之外，还在曲线下面加上一个长方形的台柱，使图形更加美观.

- **h=mesh(X，Y，Z)** 用来返回一个图形对象的句柄.

例 4-26 画出函数 $z=x^2+y^2$ 在 $-3 \leqslant x$，$y \leqslant 3$ 上的图形，以及函数 $z=x^2-2y^2$ 在 $-10 \leqslant x$，$y \leqslant 10$ 上的图形.

    解 MATLAB 命令为：

```
% 函数 z = x^2 + y^2
t1 = -3:0.1:3;
[x1,y1] = meshgrid(t1);
z1 = x1.^2 + y1.^2;
subplot(1,2,1),
mesh(x1,y1,z1),title('x^2 + y^2')

% 马鞍面 z = x^2 - 2y^2

t2 = -10:0.1:10;
[x2,y2] = meshgrid(t2);
```

```
z2 = x2. ^2 - 2 * y2. ^2;
subplot(1,2,2),
mesh(x2,y2,z2),title('马鞍面')
```

运行结果如图 4-26 所示.

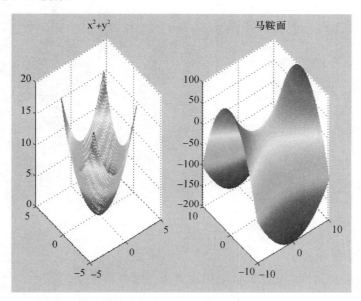

图 4-26   函数 $z = x^2 + y^2$ 与马鞍面的网格图

例 4-27   分别用指令 mesh、meshc、meshz 画出函数 $z = \sin(\sqrt{x^2 + y^2})/\sqrt{x^2 + y^2}$ 在 $-8 \leqslant x$, $y \leqslant 8$ 上的图形.

解   MATLAB 命令为：

```
% 函数 z = sin(sqrt(x^2 + y^2))/sqrt(x^2 + y^2)
t = - 8 : 0.1 : 8;
[x,y] = meshgrid(t);
r = sqrt(x. ^2 + y. ^2) + eps;
% 由于在邻近原点处,r 的某些元素可能会很小,因此加入 eps 可以避免出现零为除数
z = sin(r)./r;
subplot(1,3,1),meshc(x,y,z)
title('meshc'),axis([- 8 8 - 8 8 - 0.5 0.8])
subplot(1,3,2),meshz(x,y,z)
title('meshz'),axis([- 8 8 - 8 8 - 0.5 0.8])
subplot(1,3,3),mesh(x,y,z)
title('mesh'),axis([- 8 8 - 8 8 - 0.5 0.8])
```

运行结果如图 4-27 所示.

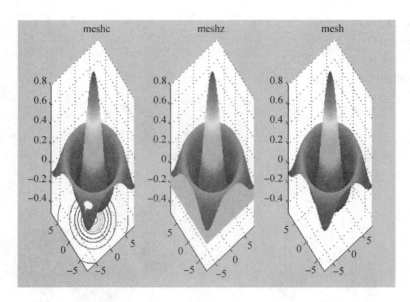

图 4-27　函数 $z=\sin(\sqrt{x^2+y^2})/\sqrt{x^2+y^2}$ 的网格图

4.4.3　三维表面命令 surf

surf 函数用来绘制三维曲面图, 其调用格式为:

- **surf(Z)**　生成一个由矩阵 Z 确定的三维带阴影的曲面图, 其中 $[m, n]=$size(Z), 而 $X=1:n$, $Y=1:m$. 高度 Z 为定义在一个几何矩形区域内的单值函数, Z 同时指定曲面高度数据的颜色, 所以颜色对于曲面高度是恰当的.

- **surf(X, Y, Z)**　用来绘制出一个三维表面图, 如果 X 和 Y 为向量, 那么 length$(X)=n$ 且 length$(Y)=m$, 其中 $[m, n]=$size(Z), 绘制的图形中, 网格线上的点由坐标 $(X(j)$, $Y(i)$, $Z(i, j))$ 决定. 向量 X 对应于矩阵 Z 的列, 向量 Y 对应于矩阵 Z 的行.

- **surf(X, Y, Z, C)**　通过 4 个矩阵参数绘制彩色的三维表面图形. 其中, 图形的视角由 view 函数值定义; 图形的各轴范围由 X, Y, Z 通过当前的 *axis* 函数值定义; 图形的颜色范围由 C 值定义.

- **surf(…, 'PropertyName', PropertyValue, …)**　设置图形表面的属性值. 单个句子可以设定多个属性值.

- **surf(axes_handles, …)**　利用指定的坐标轴绘制, axes_handles 为坐标轴句柄.

- **surfc(X, Y, Z)**　此用法创建一个与二维等高线图匹配的曲面图.

- **h=surf(X, Y, Z)**　用来返回一个图形对象的句柄.

例 4-28　画出函数 $z=xe^{-(x^2+y^2)}$, $-2\leqslant x$, $y\leqslant2$ 的图像, 比较指令 surf 与 mesh.

　解　用 mesh 画出的是三维网格图, 其 MATLAB 命令为:

```
t = -2 : 0.1 : 2;
[x,y] = meshgrid(t);
z = x. * exp( -x. ^2 - y. ^2);
```

```
mesh(x,y,z)
```
运行结果如图 4-28 所示.

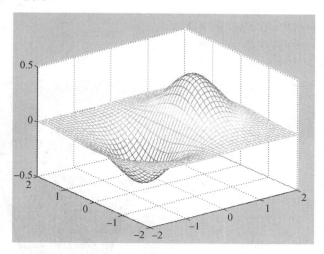

图 4-28　mesh 绘制的三维网格图

用 surf 画出的图像是三维表面图，其 MATLAB 命令为：

```
t = - 2 : 0.1 : 2;
[x,y] = meshgrid(t);
z = x. * exp( - x. ^2 - y. ^2);
surf(x,y,z)
```

运行结果如图 4-29 所示.

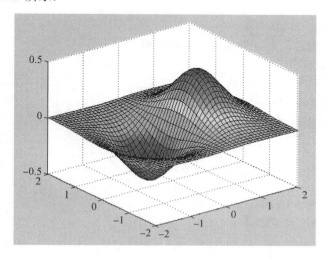

图 4-29　surf 绘制的三维曲面图

例 4-29　通过画函数 $z = x^2 + y^2$，$-1 \leqslant x$，$y \leqslant 1$ 的图形来比较指令 surf 与 mesh.

解　MATLAB 命令为：

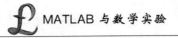

```
t = -1 : 0.1 : 1;
[x,y] = meshgrid(t);
z = x. ^2 + y. ^2
subplot(1,2,1),mesh(x,y,z),title('网格图')
subplot(1,2,2),surf(x,y,z),title('表面图')
```

运行结果如图 4-30 所示.

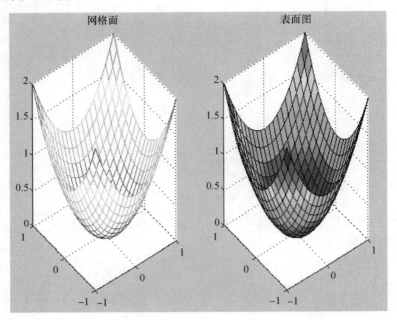

图 4-30   网格图与表面图

例 4-30   用平行截面法讨论由方程构成的马鞍面形状.

解   MATLAB 命令为：

```
%马鞍面
t = -10 : 0.1 : 10;[x,y] = meshgrid(t);
z1 = (x. ^2 - 2 * y. ^2) + eps;
subplot(1,3,1),mesh(x,y,z1),title('马鞍面')
%平面
a = input('a = ( -50<a<50)')              %动态输入
z2 = a * ones(size(x));
subplot(1,3,2),mesh(x,y,z2),title('平面')
%交线使是空间曲线,故用 plot3
r0 = abs(z1 - z2)< 1;
zz = r0. * z2;yy = r0. * y;xx = r0. * x;
subplot(1,3,3),plot3(xx(r0~ = 0),yy(r0~ = 0),zz(r0~ = 0),'x')
title('交线')
```

运行结果如图 4-31 所示.

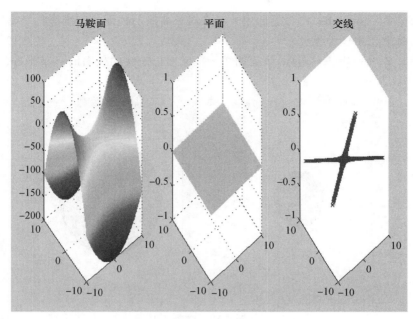

图 4-31　平面、马鞍面及交线的形状

4.4.4　绘制球面与柱面

cylinder 和 sphere 指令是 MATLAB 提供的两个分别用来绘制柱面与球面的命令.

1. 绘制球面

sphere 的调用格式如下：

- **sphere(n)**　绘制一个单位球面，且球面上分格线条数为 n.
- **[x，y，z]＝sphere(n)**　x，y，z 是返回的 $(n+1) \times (n+1)$ 矩阵，且 surf(x，y，z) 正好为单位球面.

例 4-31　画函数 $x^2 + y^2 + z^2 = 1$ 与 $x^2 + y^2 + z^2 = 4$ 与的图形.

解　MATLAB 命令为：

```
%半径为 1 的球面
v = [-2 2 -2 2 -2 2];
subplot(1,2,1),sphere(30),title('半径为 1 的球面'),axis(v)
%半径为 2 的球面
[x,y,z] = sphere(30);
subplot(1,2,2),surf(2*x,2*y,2*z)
title('半径为 2 的球面'),axis(v)
```

运行结果如图 4-32 所示.

2. 绘制柱面

用 cylinder 函数生成柱面. 该函数的调用格式为：

- **cylinder**　生成单位柱面. 可以用 surf 或 mesh 函数绘制，或不提供输出参数直接画图.
- **[X，Y，Z]＝cylinder**　返回半径为 1 的柱面的 x、y、z 坐标.

- $[X，Y，Z] = cylinder(r)$ 返回用 r 定义周长曲线的柱面的三维坐标. cylinder 函数将 r 中的每个元素作为半径.
- $[X，Y，Z] = cylinder(r，n)$ 返回用 r 定义周长曲线的柱面的三维坐标. 且柱面上分格线条数为 n.

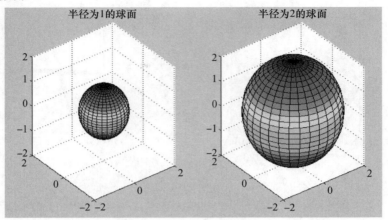

图 4-32   球面

例 4-32   画柱面与改变柱面半径的图形.

解   MATLAB 命令为：

```
subplot(1,2,1),cylinder,%默认的柱面
t = - pi : pi/10 : pi;
[X,Y,Z] = cylinder(1 + sin(t));%改变柱面的半径
subplot(1,2,2),
surf(X,Y,Z),
axis square
```

运行结果如图 4-33 所示.

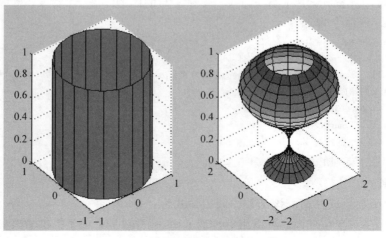

图 4-33   柱面与改变柱面半径后的图形

4.5　三维图形的控制命令

三维图形比二维图形具有更多的控制信息，除了可以像二维图形那样控制线型、颜色外，还可以控制图形的视角、材质和光照等，这些都是二维图形所没有的.

4.5.1　视角控制命令 view

三维视图表现一个空间内的图形，为了使图形的效果更逼真，可以从不同的位置和角度来观察该图形. MATLAB 提供了图形视角控制命令 view. view 函数主要用于从不同的角度观察图形. 其调用格式为：

- **view(az，el)**　设置查看三维图的三个角度. 其中 az 为水平方位角，从 Y 轴负方向开始，以逆时针方向旋转为正；el 为垂直方位角，以向 Z 轴方向的旋转为正，向 Z 轴负方向的旋转为负.
- **view([x，y，z])**　在笛卡儿坐标系下的视角，而忽略向量 X，Y，Z 的幅值.
- **view(2)**　设置默认的二维视角，此时 az＝0，el＝90.
- **view(3)**　设置默认的三维视角，此时 az＝－37.5，el＝30.

例 4-33　绘制函数 $z = xe^{-x^2-y^2}$，并从不同的角度观察图形.

解　MATLAB 命令为：

```
t = -2 : 0.1 : 2;
[x,y] = meshgrid(t);
z = x. * exp( - x. ^2 - y. ^2);
subplot(2,2,1),surf(x,y,z)
view(3)
subplot(2,2,2),surf(x,y,z)
view(30,30)
subplot(2,2,3),surf(x,y,z)
view(30,0)
subplot(2,2,4),surf(x,y,z)
view( -120,30)
```

运行结果如图 4-34 所示.

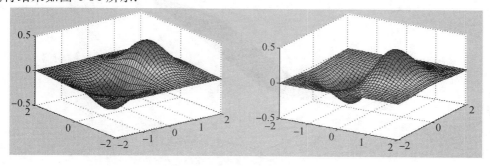

图 4-34　以不同的视角看表面图

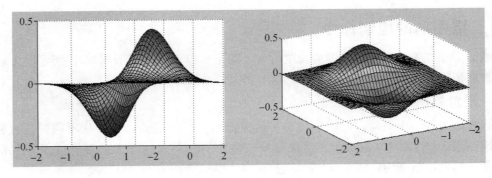

图 4-34   （续）

4.5.2   旋转控制命令 rotate

rotate 命令的调用格式如下：

- **rotate(h，direction，alpha)**   该命令将图形绕方向旋转一个角度. 其中参数 h 表示的是被旋转的对象，参数 direction 设置方向有两种方法：球坐标设置法，将其设置为 [theta，phi]，其单位是"°"（度）；直角坐标法，即 [x，y，z]. 参数 alpha 是按右手法旋转的角度.

例 4-34   利用 rotate 函数，从不同的角度查看函数 $z = xe^{-x^2-y^2}$.

解   MATLAB 命令为：

```
t = -2:0.1:2;
[x,y] = meshgrid(t);
z = x. * exp( - x. ^2 - y. ^2);
h = surf(z)
rotate(h,[ - 2, - 2,0],30,[2,2,0])
colormap cool
```

运行结果如图 4-35 所示.

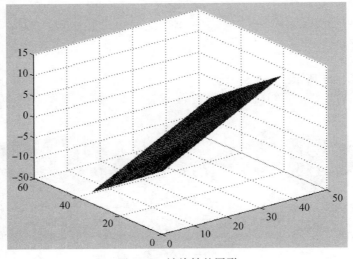

图 4-35   被旋转的图形

　　说明　使用命令 view 旋转的是坐标轴，使用命令 rotate 旋转的是图形本身，而坐标轴不变.

　　还有一个动态旋转命令 rotate3d 函数，可以让用户使用鼠标来旋转视图，不用自行输入视角的角度参数.

例 4-35　使用动态旋转命令调整三维函数 peaks 的视角.

　　解　MATLAB 命令为：

```
surf(peaks(40));
rotate3d;
```

运行结果如图 4-36 所示.

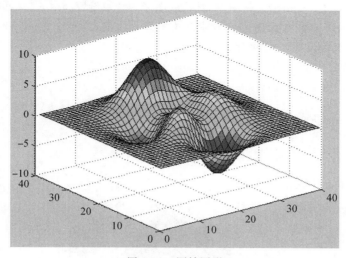

图 4-36　原始图形

　　图形中出现旋转的光标，可以在图形区域按住鼠标左键来回调整视角，在图形窗口的左下方出现所调整的角度.

　　调整一定角度后（AZ＝71，El＝24），出现的图形如图 4-37 所示.

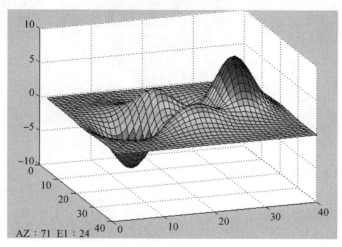

图 4-37　旋转后的图形

4.5.3　背景颜色控制命令 colordef

丰富的颜色可以使图形更有表现力，在 MATLAB 中，提供了多种色彩控制命令，它们可以对整个图形中的所有因素进行颜色设置.

设置图形背景颜色的命令是 colordef，其调用格式为：

- **colordef　white**　将图形的背景颜色设置为白色.
- **colordef　black**　将图形的背景颜色设置为黑色.
- **colordef　none**　将图形背景和图形窗口的颜色设置为默认的颜色.
- **colordef(fig，color_option)**　将图形句柄 fig 图形的背景设置为由 color_option 指定的颜色.

说明　它将影响其后产生的图形窗口中所有对象的颜色.

例 4-36　为 peaks 函数设置不同的背景颜色.

解　MATLAB 命令为：

```
subplot(1,3,1);colordef none;
surf(peaks(35));
subplot(1,3,2);colordef black;
surf(peaks(35));
subplot(1,3,3);colordef white;
surf(peaks(35));
```

运行结果如图 4-38 所示.

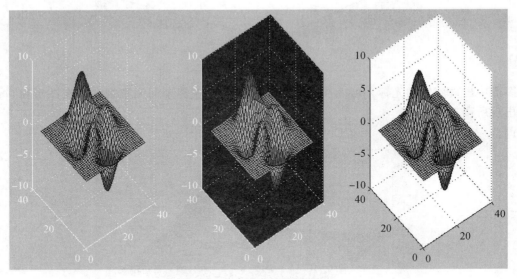

图 4-38　不同的背景颜色

4.5.4　图形颜色控制命令 colormap

在 MATLAB 中，除了可以方便地控制图形的背景颜色外，还可以控制图形的颜色. 函数 colormap 主要用来控制对图形色彩与表现，其调用格式为：

- **colormap([R，G，B])**　用单色绘图，[R，G，B] 代表一个配色方案，R 代表红色，G 代表绿色，B 代表蓝色，且 R、G、B 必须在 [0 1] 区间内. 通过对 R、G、B 大小的设置，可以调制出不同的颜色．

表 4-5 列出了一些常见的颜色配比方案．

colormap（[R，G，B]）命令中，函数的变量 [R，G，B] 是一个三列矩阵，行数不限，这个矩阵就是色图矩阵．色图可以通过矩阵元素的直接赋值来定义，也可以按照某个数据规律产生．

MATLAB 预定义了一些色图矩阵 CM 数值，它们的维度由其调用格式来决定．其调用格式如下：

colormap（CM）

表 4-6 列出 MATLAB 中常用的色图矩阵名称及其含义．

表 4-5　MATLAB 中典型的颜色配比方案

R（红色）	G（绿色）	B（蓝色）	调制的颜色
0	0	0	黑
1	1	1	白
1	0	0	红
0	1	0	绿
0	0	1	蓝
1	1	0	黄
1	0	1	洋红
0	1	1	青蓝
1	1/2	0	橘黄
1/2	0	0	深红
1/2	1/2	1/2	灰色

表 4-6　色图矩阵名称及其含义

名　　称	含　　义
bone	蓝色调灰色图
cool	青红浓淡色图
copper	纯铜色调浓淡色图
flag	红白兰黑交错图
gray	灰度调浓淡色图
hot	黑红黄白色图
hsv	饱和色图
jet	蓝头红尾的饱和色图
pink	粉红色图
prism	光谱色图

例 4-37　绘制 peaks 的图形，同时设置该图形的颜色．

解　MATLAB 命令为：

```
surf(peaks(100));
colormap(cool)
```

运行结果如图 4-39 所示．

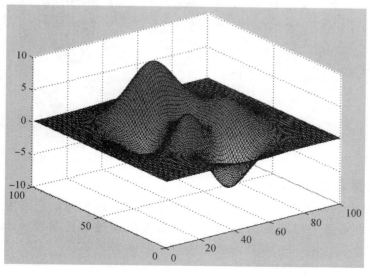

图 4-39　使用 cool 绘图

4.5.5 图形着色控制命令 shading

在 MATLAB 中，除了可以为图形设置不同的颜色外，还可以设置颜色的着色方式. 着色控制命令由 shading 命令决定，其调用格式为：

- **shading flat** 使用平滑方式着色. 网格图的某条线段或者曲面图中的某整个贴片都是一种颜色，该颜色取自线段的两端或者该贴片 4 个顶点中下标最小那点的颜色.
- **shading interp** 使用插值的方式为图形着色. 网格图线段，或者曲面图贴片上各点的颜色由该线段两端或该贴片 4 个顶点的颜色线性插值所得.
- **shading faceted** 以平面为单位进行着色，在 flat 用色基础上，在贴片的四周勾画黑色网线. 这是系统默认值.

例 4-38 绘制圆，然后进行不同的着色.

解 MATLAB 命令为：

```
[X,Y,Z] = sphere(30);
subplot(1,3,1);surf(X,Y,Z);shading interp
subplot(1,3,2);surf(X,Y,Z);shading flat
subplot(1,3,3);surf(X,Y,Z)
```

运行结果如图 4-40 所示.

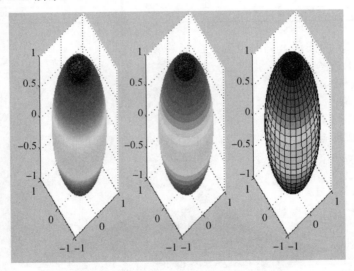

图 4-40 图形的不同着色方式

4.5.6 透视控制命令 hidden

在 MATLAB 中，当使用 mesh、surf 等命令绘制三维图形时，三维图形后面的网格线会隐藏重叠，如果需要了解隐藏的网格线，就需要使用透视控制命令 hidden. 其调用格式为：

- **hidden on**   消隐重叠线
- **hidden off**   透视重叠线

例 4-39　透视演示.

解　MATLAB 命令文件：

```
[X0,Y0,Z0] = sphere(30);
X = 2 * X0;Y = 2 * Y0;Z = 2 * Z0;
surf(X0,Y0,Z0);                        % 画里面的小球
shading interp                         % 使用插值的方法着色
hold on,mesh(X,Y,Z),colormap(hot),     % 画外面的大球
hold off
hidden off                             % 透视外面大球看到里面的小球
axis equal,axis off                    % 使坐标轴在三个方向上刻度增量相同,并消隐坐标轴
```

运行结果如图 4-41 所示.

图 4-41　剔透玲珑球

4.5.7　光照控制命令 light

MATLAB 语言提供了许多函数在图形中进行对光源的定位并改变光照对象的特征，如表 4-7 所示.

表 4-7　MATLAB 的图像光源操作函数

函　数	功　能
camlight	设置并移动关于摄像头的光源
lightangle	在球坐标下设置或定位一个光源
light	设置光源
lighting	选择光源模式
material	设置图形表面对光照的反应模式

其中，light 函数用于设置光源，其调用格式为：

- **light**(**'PropertyName'**, **Propertyvalue**, ⋯)　创建光源并设置其属性.
- **handle = light**(⋯)　返回所创建光源的句柄.

例 4-40　生成一个曲面图，之后添加光源.

绘制 peaks 函数的曲面图：

```
z = peaks(50);
surf(z)
```

运行结果如图 4-42 所示.

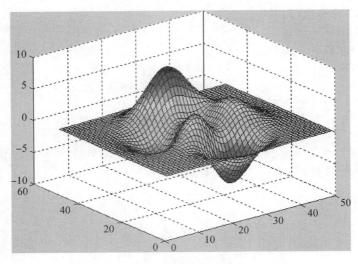

图 4-42   原始图形

现在给曲面图添加光源：

```
light('position',[20,20,5])
```

运行结果如图 4-43 所示.

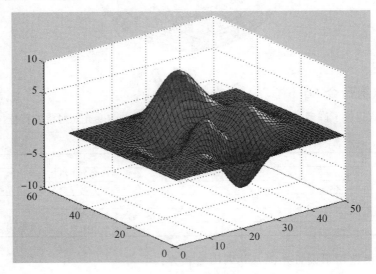

图 4-43   添加了光源后的曲面图

图 4-43 显示的是添加了光源的图形，而且射向图形的角度是 [20，20，5].

4.6   特殊三维图形

表 4-8 列出了 MATLAB 中的一些三维特殊图形函数.

表 4-8　特殊图形函数及其功能

函 数 名	功　　　能	函 数 名	功　　　能
comet3	三维彗星轨迹图	slice	实体切片图
meshc	三维网格与等高线组合图	surfc	三维表面与等高线组合图
meshz	带台柱的三维曲面	surfl	具有高度的三维表面图
pie3	三维饼形图	trisurf	三角表面图
stem3	三维离散杆图	trimesh	三角网状表面图
quiver3	三维矢量图	waterfall	瀑布图
contour3	三维等高线图	bar3	三维条形图
cylinder	生成圆柱体	bar3h	三维水平条形图
		sphere	生成球体

4.6.1　三维条形图

在 MATLAB 中，使用 bar3 和 bar3h 来绘制三维条形图，其调用格式与二维图形函数 bar 和 barh 相似.

例 4-41　使用 bar3 和 bar3h 绘制一个随机矩阵的横向与纵向三维条形图.

解　MATLAB 命令为：

```
X = rand(6,6) * 10;    % 产生 6×6 矩阵,其中每个元素为 1～10 之间的随机数
subplot(2,2,1),bar3(X,'detached'),title('detached');
subplot(2,2,2),bar3(X,'grouped'),title('grouped');
subplot(2,2,3),bar3h(X,'stacked'),title('stacked');
subplot(2,2,4),bar3h(X,'detached'),title('detached');
```

运行结果如图 4-44 所示.

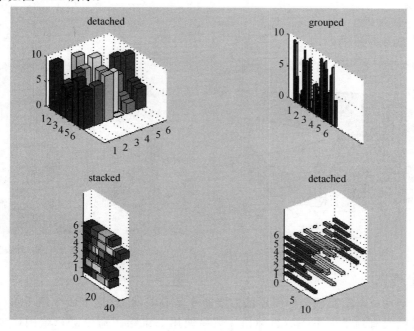

图 4-44　三维条形图

4.6.2 三维饼形图

饼形图是分析数据比例中常用的图表类型，主要用于显示各个项目与其总合的比例关系，它强调部分与整体的关系．

pie3 函数用于绘制三维饼形图，其用法与二维饼形 pie 函数基本相同．

例 4-42 绘制三维饼图，分析各个部分销量所占的比例．

解 MATLAB 命令为：

```
x = [2 4 2 2 2 2]              % 产生一个含有 6 个数构成的向量
explode = [0 1 0 0 0 0];       % 分离出向量 x 的第二个元素
pie3(x, explode)
```

运行结果如图 4-45 所示．

4.6.3 三维离散杆图

stem3 函数用于绘制三维离散杆图形，其用法与二维离散图的 stem 函数基本相同．

例 4-43 使用 stem3 函数绘制函数 $y = e^{-st}$ 的三维离散杆图．

解 MATLAB 命令为：

```
t = 0 : 0.1 : 10;
s = 0.1 + i;
y = exp(s * t);
stem3(real(y), imag(y), t)
hold on
plot3(real(y), imag(y), t, 'r')
hold off
view(-39.5, 62)
```

运行结果如图 4-46 所示．

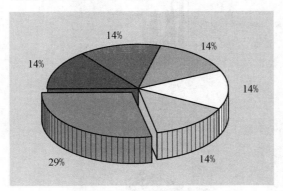

图 4-45 三维饼形图

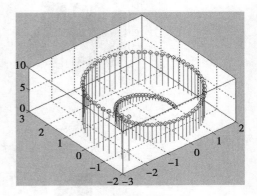

图 4-46 三维离散杆图

4.6.4 柱坐标图

在 MATLAB 中，绘制柱坐标图形的主要命令是 pol2cart．这个命令用于将极坐标或者柱坐标的数值转换成直角坐标系下的坐标值，然后使用三维绘图命令进行绘图，也就是在直角坐标系下绘制使用柱坐标值描述的图形．

例 4-44　绘制柱坐标图形.

　　解　MATLAB 命令为：

```
t = 0 : pi/50 : 4 * pi;
r = sin(t);
[x,y] = meshgrid(t,r);
z = x. * y;
[X,Y,Z] = pol2cart(x,y,z);
mesh(X,Y,Z)
```

运行结果如图 4-47 所示.

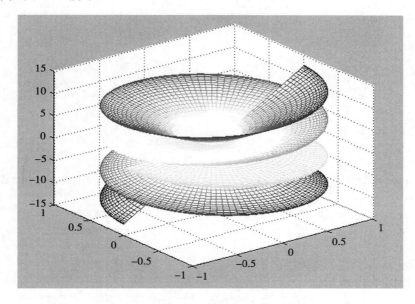

图 4-47　柱坐标图形

4.6.5　三维等高线

　　contour3 函数用于绘制一个矩阵的三维等高线图，其用法与二维等高线图的 contour 函数基本相同.

例 4-45　绘制函数 $z = x\mathrm{e}^{-x^2-y^2}$ 的等高线图形.

　　解　MATLAB 命令为：

```
t = - 2 : 0.25 : 2;
[x,y] = meshgrid(t);
z = x. * exp( - x. ^2 - y. ^2);
contour3(x,y,z,36)          % 绘制 Z 的等高线,36 位等到线的数目
grid off                    % 去掉网格线
```

运行结果如图 4-48 所示.

如果使用表 4-6 中 cool 颜色图并加视角，则 MATLAB 命令为：

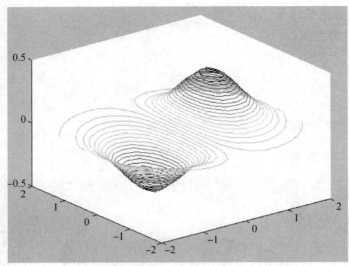

图 4-48　等高线图

```
t = -2 : 0.25 : 2;
[x,y] = meshgrid(t);
z = x.*exp(-x.^2-y.^2);
contour3(x,y,z,36)                                    % 绘制 z 的等高线,36 为等高线的数目
hold on
surf(x,y,z,'EdgeColor',[0.8 0.8 0.8],'FaceColor','none')    % 绘制表面图
grid off                                              % 去掉网格线
view(-15,25)                                          % 设定视角
colormap cool                                         % 建立颜色图
```

运行结果如图 4-49 所示.

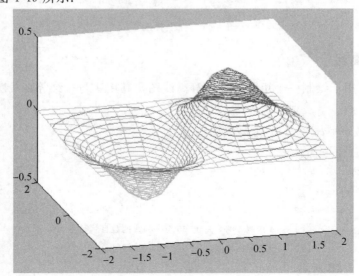

图 4-49　加了视角的等高线图

习题

1. 绘制 $y=\mathrm{e}^{\frac{x}{3}}\sin(3x)$（$x\in[0,4\pi]$）的图像，要求用蓝色的星号画图；并且画出其包络线 $y=\pm\mathrm{e}^{\frac{x}{3}}$ 的图像，用红色的点划线画图.

2. 用 fplot 和 ezplot 命令绘出函数 $y=\mathrm{e}^{-\frac{2t}{3}}\sin(1+2t)$ 在区间 $[1,10]$ 上的图像.

3. 在同一图形窗口画三个子图，要求使用指令 gtext、axis、legend、title、xlabel 和 ylabel：

   (1) $y=x\cos x$，$x\in(-\pi,\pi)$

   (2) $y=x\tan\dfrac{1}{x}\sin x^3$，$x\in(\pi,4\pi)$

   (3) $y=\mathrm{e}^{\frac{1}{x}}\sin x$，$x\in[1,8]$

4. 使用合适的单轴对数坐标函数绘制函数 $y=\mathrm{e}^{x^2}$ 的图像（其中 $1\leqslant x\leqslant10$）.

5. 绘制圆锥螺线的图像并加各种标注，圆锥螺线的参数方程为：

$$\begin{cases} x=t\cos\dfrac{\pi}{6}t \\[2mm] y=t\sin\dfrac{\pi}{6}t \qquad (0\leqslant t\leqslant20\pi) \\[2mm] z=2t \end{cases}$$

6. 在同一个图形窗口画半径为 1 的球面、柱面 $x^2+y^2=1$ 以及极坐标图形 $\rho=\dfrac{1}{2}\sin4t$，$t\in[0,2\pi]$.

7. 用 mesh 与 surf 命令绘制三维曲面 $z=x^2+3y^2$ 的图像，并使用不同的着色效果及光照效果.

8. 绘制由函数 $\dfrac{x^2}{9}+\dfrac{y^2}{16}+\dfrac{z^2}{4}=1$ 形成的立体图，并通过改变观测点获得该图形在各个坐标平面上的投影.

9. 画三维曲面 $z=5-x^2-y^2$（$-2\leqslant x,y\leqslant2$）与平面 $z=3$ 的交线.

第5章 线性代数相关运算

MATLAB 的基本运算单位是矩阵，在科技、工程、经济等多个领域中，经常需要把一个实际问题通过数学建模转化为一个线性方程组的求解问题. 本章主要讨论矩阵的相关运算以及线性方程组的求解方法.

5.1 矩阵

在 MATLAB 中，一个矩阵既可以是普通数学意义上的矩阵，也可以是标量或向量. 对于标量（一个数）可以将其看作 1×1 矩阵，而向量（一行或一列数）则可以认为是 $1 \times n$ 或 $n \times 1$ 矩阵. 另外，一个 0×0 矩阵在 MATLAB 中被称为空矩阵. 矩阵的运算需要满足其严格的运算规则.

5.1.1 矩阵的修改

假设 A 是一个矩阵，可用以下方法表示对其元素的提取，对行或列的提取、修改，以及对矩阵元素的增加、删除、修改及扩充等操作：

$A(i, j)$ 表示矩阵 A 的第 i 行第 j 列元素.

$A(:, j)$ 表示矩阵 A 的第 j 列元素.

$A(i, :)$ 表示矩阵 A 的第 i 行元素.

$A(:)$ 表示矩阵 A 的所有元素以列优先排列成一个列矩阵.

$A(i)$ 表示矩阵 A 的第 i 个元素（列优先排列）.

$A(i:j)$ 表示矩阵 A 的第 i 个元素与第 j 个元素之间的所有元素.

$[\ ]$ 表示空矩阵.

例 5-1 已知矩阵

$$A = \begin{bmatrix} 1 & 3 & 5 \\ 2 & 4 & 6 \\ -1 & -2 & -3 \end{bmatrix}$$

要求：

1）提取矩阵中第 4 个元素以及第 2 行第 3 列的元素.

2）将原矩阵中第 3 行元素替换为 $(-1 \quad -3 \quad -5)$.

3）在以上操作的基础上，再添加一行元素 $(-2 \quad -4 \quad -6)$.

4）在以上操作的基础上，再删除第一列.

解 MATLAB 命令为：

```
A = [1 3 5;2 4 6;-1 -2 -3]        % 输入矩阵 A
A =

     1     3     5
     2     4     6
    -1    -2    -3

A(4)                              % 提取矩阵 A 的第 4 个元素
ans =

     3

A(2,3)                            % 提取矩阵 A 的第 2 行第 3 列的元素
ans =

     6

A(3,:) = [-1 -3 -5]              % 将矩阵 A 中第 3 行元素替换为(-1  -3  -5)
A =

     1     3     5
     2     4     6
    -1    -3    -5

A(4,:) = [-2 -4 -6]              % 添加一行元素(-2   -4   -6)
A =

     1     3     5
     2     4     6
    -1    -3    -5
    -2    -4    -6

A(:,1) = []                      % 删除第一列
A =

     3     5
     4     6
    -3    -5
    -4    -6
```

例 5-2 已知矩阵

$$A = \begin{bmatrix} 1 & -2 \\ 0 & 4 \end{bmatrix}, \qquad B = \begin{bmatrix} -1 & 0 \\ 0 & 2 \end{bmatrix}$$

利用 A 与 B 生成矩阵 $C = (A \quad B)$，$D = \begin{bmatrix} A \\ B \end{bmatrix}$，$AB = \begin{bmatrix} A & O \\ O & B \end{bmatrix}$.

解 MATLAB 命令为：

```
A = [1 -2;0 4];
B = [-1 0;0 2];
C = [A,B]
C =

     1    -2    -1     0
     0     4     0     2
```

```
D = [A;B]
D =
        1       -2
        0        4
       -1        0
        0        2
AB = [A,zeros(2);zeros(2),B]
AB =
        1       -2        0        0
        0        4        0        0
        0        0       -1        0
        0        0        0        2
```

5.1.2 矩阵的基本运算

MATLAB 最基本的运算对象是向量和矩阵，其中向量是特殊的矩阵．矩阵的基本运算包括矩阵的加法、减法、乘法（常数与矩阵乘法以及矩阵与矩阵乘法）、求逆、转置，以及求行列式、求矩阵的秩等（见表 5-1）．

表 5-1　矩阵的基本运算

运　算	功　能	命令形式
矩阵的加法和减法	同型矩阵相加（减）	$A \pm B$
数乘	数与矩阵相乘	$k * A$（k 为一个常数）
矩阵与矩阵相乘	两个矩阵相乘（要求第一个矩阵的列数与第二个矩阵的行数相等）	$A * B$
矩阵的乘幂	方阵的 n 次幂	$A \hat{\ } n$
矩阵求逆	求方阵的逆	inv(A) 或 A^(−1)
矩阵的左除	左边乘以 A 的逆，$A^{-1}B$(A 必须为一个方阵)	$A \setminus B$
矩阵的右除	右边乘以 A 的逆，BA^{-1}(A 必须为一个方阵)	B/A
矩阵的转置	求矩阵的转置	A'
矩阵求秩	求矩阵的秩	rank(A)
矩阵行列式	求方阵行列式的值	det(A)
矩阵行变换化简	求矩阵的行最简形式	rref(A)

MATLAB 中的矩阵运算要满足如下矩阵运算法则：

1）矩阵加法（减法）：$C = A + B$，$C = A - B$（要求 A 与 B 是同型矩阵）．

2）矩阵乘法：$C = AB$（要求 A 的列数要与 B 的行数相等），注意矩阵乘法不满足交换律．其中计算矩阵乘幂时，矩阵 A 必须是方阵：

$$C = A^n$$

3）矩阵求逆：若矩阵 $AB = BA = E$，则矩阵 A 可逆，其逆矩阵为矩阵 B，记为 $A^{-1} = B$. 注意，矩阵 A 与 B 都是方阵，当 A 的行列式不等于零时，则 A 是可逆的．

例 5-3 已知矩阵

$$A = \begin{bmatrix} 1 & 2 & 3 \\ 4 & 5 & 6 \\ 7 & 8 & 9 \end{bmatrix}, \qquad B = \begin{bmatrix} 1 & 0 & 0 \\ 2 & 2 & 0 \\ 3 & 3 & 3 \end{bmatrix}$$

求：$A+B$，$A-B$，$5A$，AB.

解 MATLAB 命令为：

```
A = [1 2 3;4 5 6;7 8 9];B = [1 0 0;2 2 0;3 3 3];
A + B        %若将 A + B 赋值给矩阵 C,则命令形式为 C = A + B
ans =
     2     2     3
     6     7     6
    10    11    12
A - B
ans =
     0     2     3
     2     3     6
     4     5     6
5 * A
ans =
     5    10    15
    20    25    30
    35    40    45
A * B
ans =
    14    13     9
    32    28    18
    50    43    27
```

例 5-4 已知矩阵

$$B = \begin{bmatrix} 3 & 0 & -2 & 1 \\ 2 & 1 & 0 & 1 \\ 6 & 3 & 2 & 5 \\ 0 & -1 & -1 & 2 \end{bmatrix}$$

求 $|B|$，B^{-1}.

解 MATLAB 命令为：

```
B = [3 0 -2 1;2 1 0 1;6 3 2 5;0 -1 -1 2]
B =
     3     0    -2     1
     2     1     0     1
     6     3     2     5
     0    -1    -1     2
det(B)
```

```
ans =
    12
B^(-1)          %(或用命令 inv(B))
ans =
    2/3      -7/4       5/12      -1/2
    -1       15/4      -3/4       1/2
    1/3      -9/4       7/12      -1/2
    -1/3      3/4      -1/12      1/2
```

例 5-5　已知

$$B = \begin{bmatrix} 1 & 0 & 0 \\ 2 & 2 & 0 \\ 3 & 3 & 3 \end{bmatrix}, \qquad C = \begin{bmatrix} 1 & 3 & 5 \\ 2 & 4 & 6 \end{bmatrix}$$

求 C^T，CB，B^3.

解　MATLAB 命令为：

```
B = [1 0 0;2 2 0;3 3 3];C = [1 3 5;2 4 6];
C'
ans =
    1    2
    3    4
    5    6
C * B
ans =
    22   21   15
    28   26   18
B^3
ans =
    1    0    0
    14   8    0
    75   57   27
```

例 5-6　求矩阵

$$A = \begin{bmatrix} 4 & 1 & 2 & 4 \\ 1 & 2 & 0 & 0 \\ 8 & 5 & 2 & 1 \\ 0 & 1 & 1 & 7 \end{bmatrix}$$

的秩和行最简型.

解　MATLAB 命令为：

```
A = [4 1 2 4;1 2 0 0;8 5 2 1;0 1 1 7]
A =
    4    1    2    4
    1    2    0    0
    8    5    2    1
    0    1    1    7
```

```
rank(A)
ans =
      4
rref(A)
ans =
     1     0     0     0
     0     1     0     0
     0     0     1     0
     0     0     0     1
```

例 5-7 某农场饲养的动物所能达到的最大年龄为 15 岁，将其分为三个年龄组：第一组，0～5 岁；第二组，6～10 岁；第三组，11～15 岁. 动物从第二个年龄组起开始繁殖后代，经长期统计：第二个年龄组的动物在其年龄段平均繁殖 4 个后代，第三个年龄组的动物在其年龄段平均繁殖 3 个后代，第一个年龄组和第二个年龄组的动物能顺利进入下一个年龄组的存活率分别为 1/2 和 1/4. 假设农场现有三个年龄段的动物各 1000，问：5 年、10 年及 15 年后农场饲养的动物总数及农场三个年龄段的动物各将达到多少？

分析 令 x_1 为 0～5 岁的动物数，x_2 为 6～10 岁的动物数，x_3 为 11～15 岁动物数，因为饲养的动物所能达到的最大年龄为 15 岁，而题目要求的是 15 年后农场饲养的动物总数，因此可以分三个周期来描述，$x_i(k)$ 为第 i 个年龄组在第 k（$k=1$，2，3）个周期的数目. 所以有

$$\begin{cases} x_1(k) = 4 \cdot x_2(k-1) + 3 \cdot x_3(k-1) \\ x_2(k) = \dfrac{1}{2} \cdot x_1(k-1) \\ x_3(k) = \dfrac{1}{4} \cdot x_2(k-1) \end{cases} \qquad (k=1,2,3)$$

将其写成矩阵形式，有如下矩阵递推关系式：

$$\begin{bmatrix} x_1(k) \\ x_2(k) \\ x_3(k) \end{bmatrix} = \begin{bmatrix} 0 & 4 & 3 \\ \dfrac{1}{2} & 0 & 0 \\ 0 & \dfrac{1}{4} & 0 \end{bmatrix} \cdot \begin{bmatrix} x_1(k-1) \\ x_2(k-1) \\ x_3(k-1) \end{bmatrix}$$

解 编写文件名为 animal.m 的 M 文件：

```
x0 = [1000;1000;1000];          % 初始各年龄组的动物数
L = [0 4 3;1/2 0 0;0 1/4 0];
x1 = L* x0                      % 5 年后各年龄组的动物数
x2 = (L^2)* x0                  % 10 年后各年龄组的动物数
x3 = (L^3)* x0                  % 15 年后各年龄组的动物数
subplot(1,3,1), pie(x1),title('第一周期后 ')
subplot(1,3,2), pie(x2),title('第二周期后 ')
subplot(1,3,3), pie(x3),title('第三周期后 ')
legend('0 - 5 岁 ','6 - 10 岁 ','11 - 15 岁 ')
```

运行 M 文件得到如下结果：

```
x1 =                          %5年后各年龄组的动物数
    7000
     500
     250
x2 =                          %10年后各年龄组的动物数
    2750
    3500
     125
x3 =                          %15年后各年龄组的动物数
   14375
    1375
     875
```

15 年后各年龄段动物比例如图 5-1 所示.

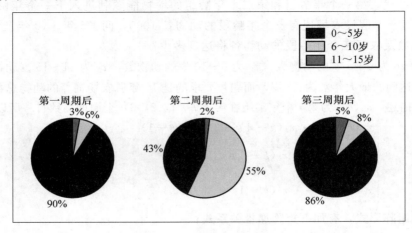

图 5-1　15 年后各年龄段动物比例

5.1.3　矩阵的特征值和特征向量

矩阵的特征值及其特征向量在科学研究和工程计算中有非常广泛的应用，物理、力学和工程技术中的许多问题往往归结成求矩阵的特征值及特征向量的问题.

对于 n 阶方阵 A，如果存在数 λ 和 n 维非零列向量 x，使得等式 $Ax = \lambda x$ 成立，则称数 λ 为矩阵 A 的一个**特征值**，而非零向量 x 称为矩阵 A 的属于特征值 λ 的特征向量，简称为**特征向量**.

为求矩阵 A 的特征值，就要计算满足 $|A - \lambda E| = 0$ 成立的数 λ，这里 λ 即为所求特征值. 其中

$$f(\lambda) = |A - \lambda E| = \lambda^n + a_1\lambda^{n-1} + \cdots + a_{n-1}\lambda + a_n$$

称为矩阵 A 的特征多项式.

将所求出的特征值 λ 代入方程 $(A - \lambda E)x = 0$ 中，求其所对应的非零向量 x，这个非零向量 x 即为属于特征值 λ 的特征向量.

应用 MATLAB 求矩阵的特征值及特征向量的命令如下：

1）poly(A)：求矩阵 A 的特征多项式，给出的结果是多项式所对应的系数（幂次按降幂排列）.

2) d＝eig(A)：返回矩阵 A 的全部特征值组成的列向量（n 个特征值全部列出）．

3) [V，D]＝eig(A)：返回 A 的特征值矩阵 D（主对角线的元素为特征值）与特征向量矩阵 V（列向量和特征值一一对应），满足 $AV＝VD$．

例 5-8　已知矩阵

$$A = \begin{bmatrix} 1 & -1 \\ 2 & 4 \end{bmatrix}$$

求 A 的特征多项式及全部特征值．

解　MATLAB 命令为：

```
A=[1,-1;2,4];
p=poly(A)        %求矩阵 A 的特征多项式对应的系数
p=
    1    -5    6
d=eig(A)
d=
    2
    3
```

分析　A 的特征多项式为 x^2-5x+6；全部特征值为 2 和 3．

例 5-9　已知矩阵

$$B = \begin{bmatrix} 1 & 2 \\ 0 & 3 \end{bmatrix}$$

求 B 的特征值及对应的特征向量．

解　MATLAB 命令为：

```
B=[1 2;0 3];
[V,D]=eig(B)
V=
    1.0000    0.7071
         0    0.7071
D=
    1    0
    0    3
```

分析　返回 B 的特征值矩阵 D 中，主对角线的元素 1、3 为特征值；特征向量矩阵 V 的列向量分别是特征值 1、3 所对应的特征向量．

例 5-10　求矩阵

$$A = \begin{bmatrix} 2 & 1 & 1 \\ 0 & 2 & 0 \\ -4 & 1 & 3 \end{bmatrix}$$

的特征值及其对应的特征向量．

解　MATLAB 命令为：

```
A=[-2 1 1;0 2 0;-4 1 3]
```

```
A =
    - 2            1            1
      0            2            0
    - 4            1            3
[V,D] = eig(A)
V =
    - 985/1393      - 528/2177     379/1257
            0              0        379/419
    - 985/1393      - 2112/2177    379/1257
D =
    - 1            0            0
      0            2            0
      0            0            2
```

分析 返回矩阵 A 的特征值矩阵 D 中，主对角线的元素为 -1、2、2，可以看出 2 是二重根. 对于 n 阶矩阵，返回的特征值矩阵也是 n 阶的，重根也全部列出. 特征向量矩阵 V 的列向量分别是特征值 -1、2、2 所对应的特征向量.

5.2 稀疏矩阵

在实际的工程应用中，许多矩阵含有大量的零元素，只有少数非零元素，我们称这样的矩阵为稀疏矩阵. 若按照一般的存储方式对待稀疏矩阵，零元素将占据大量的空间，从而使得矩阵的生成和计算速度受到影响，效率下降. 为此，MATLAB 提供了专门函数，只存储矩阵中的少量非零元素并对其进行运算，从而节省内存和计算时间.

矩阵的存储方式有两种：完全存储方式和稀疏存储方式. 完全存储方式是将矩阵的全部元素按列存储，就是一般的矩阵存储方式. 稀疏存储方式是仅存储矩阵所有非零元素的值及其所在的行号和列号，这对含有大量零元素的稀疏矩阵是十分有效的.

5.2.1 生成稀疏矩阵

在 MATLAB 中，既可以把一个全元素矩阵转化为稀疏矩阵，也可以直接创建稀疏矩阵. 调用格式如下：

- **S＝sparse(A)** 将全元素矩阵 A 转化为稀疏矩阵 S
- **S＝sparse(i，j，s，m，n，nzmax)** 创建 $m \times n$ 维稀疏矩阵 S

说明 其中 i 和 j 分别是矩阵非零元素的行和列指标向量，s 是非零值向量，它的下标由对应的数对 $(i，j)$ 确定，nzmax 指定了非零元素的存储空间，默认状态下 nzmax 为 length(s).

例 5-11 将矩阵 $\begin{bmatrix} 0 & 5 & 0 & 0 \\ 1 & 0 & 0 & 6 \\ 0 & 0 & 2 & 0 \end{bmatrix}$ 转化为稀疏矩阵.

解 MATLAB 命令为：

```
A＝[0 5 0 0;1 0 0 6;0 0 2 0];
```

```
S = sparse(A)
S =
(2,1)        1
(1,2)        5
(3,3)        2
(2,4)        6
```

例 5-12 创建一个 6×6 的稀疏矩阵，要求：非零元素在主对角线上，其数值为 5.

  解 MATLAB 命令为：

```
A = sparse(1 : 6,1 : 6,5)
A =
(1,1)        5
(2,2)        5
(3,3)        5
(4,4)        5
(5,5)        5
(6,6)        5
```

例 5-13 创建一个 3 阶稀疏矩阵，使主对角线上元素为魔方矩阵主对角线上的元素.

  解 MATLAB 命令为：

```
A = sparse(1 : 3,1 : 3,diag(magic(3)))
A =
(1,1)        8
(2,2)        5
(3,3)        2
```

例 5-14 一年生植物春季发芽，夏季开花，秋季产种，而没有腐烂、风干、被人为掠去的那些种子可以活过冬天. 若一棵植物到秋季平均产 c 粒种子，种子能够活过一个冬天的比例为 b，而 1 岁种子中能在春季发芽的比例为 a_1，两岁种子能在春季发芽的比例为 a_2. 假定种子最多可以活过两个冬天，现有 100 棵这种植物，要求 50 年后有 1000 棵植物，求出第二年（及以后诸年）这种植物的数量.

  解 记第 k 年植物的数量为 x_k，则上面的实验对应的模型为（到 n 年为止）：

$$x_k + p x_{k-1} + q x_{k-2} = 0, \qquad k = 2,3,\cdots,n \tag{5-1}$$

其中 $p = -a_1 bc$，$q = -a_2 b(1-a_1)bc$. 设已知某年有植物 x_0，要求 n 年后数量达到 x_n，则方程（5-1）可以改写为如下的线性代数方程组：

$$\boldsymbol{Ax} = \boldsymbol{b} \tag{5-2}$$

其中

$$\boldsymbol{A} = \begin{bmatrix} p & 1 & & & & & \\ q & p & 1 & & & & \\ & q & p & 1 & & & \\ & & \ddots & \ddots & & & \\ & & & & q & p & 1 \\ & & & & & q & p \end{bmatrix}, \quad \boldsymbol{x} = \begin{bmatrix} x_1 \\ x_2 \\ x_3 \\ \vdots \\ x_{n-2} \\ x_{n-1} \end{bmatrix}, \quad \boldsymbol{b} = \begin{bmatrix} -qx_0 \\ 0 \\ 0 \\ \vdots \\ 0 \\ -x_n \end{bmatrix} \tag{5-3}$$

为得到第二年（以及以后诸年）植物的数量 x_1（及 x_2，…，x_{n-1}），需求解线性代数方程组 (5-2)，这里 A 是稀疏矩阵（非零元素很少）．

设 $c=10$，$a_1=0.5$，$a_2=0.25$，$b=0.20$，最初有 100 棵植物，要求 50 年后有 1000 棵植物，则方程组（5-1）和（5-2）中，$p=-a_1bc=-1$，$q=-a_2b(1-a_1)bc=-0.05$，$n=50$，$x_0=100$，$x_{50}=1000$．下面用稀疏矩阵的方法求解以上方程组．

A. 用 MATLAB 中对稀疏矩阵的特殊处理，编程如下：

```
p = -1;q = -0.05;x0 = 100;xn = 1000;n = 49;
A1 = sparse(1:n,1:n,p,n,n);
A2 = sparse(1:n-1,2:n,1,n,n);
A3 = sparse(2:n,1:n-1,q,n,n);
A = A1 + A2 + A3;
i = [1,n];
j = [1,1];
s = [-q*x0,-xn];
b = sparse(i,j,s,n,1);
x = A\b;
x1 = x(1);
k = 0:n+1;
xx = [x0,x',xn];
plot(k,xx)
grid
xx
```

运行结果如下：

```
xx =
   1.0e + 003 *
   (1,1)      0.1000
   (1,2)      0.1017
   (1,3)      0.1067
   (1,4)      0.1118
   (1,5)      0.1171
    ...    ...    ...
   (1,46)     0.7921
   (1,47)     0.8299
   (1,48)     0.8695
   (1,49)     0.9110
   (1,50)     0.9545
   (1,51)     1.0000
```

50 年内植物数量曲线如图 5-2 所示．

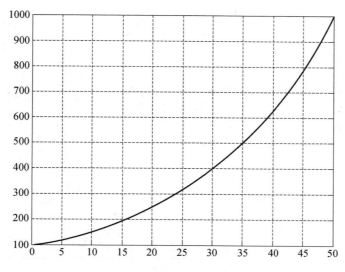

图 5-2　50 年内植物数量曲线

5.2.2　还原成全元素矩阵

在某些情况下，需要清晰地看到稀疏矩阵的全貌，这时可以通过 full 函数来查看. full 函数的调用格式如下：

A＝full(S)　　将稀疏矩阵 **S** 转化为全元素矩阵 **A**.

例 5-15　创建一个 4 阶稀疏矩阵，并将其还原成全矩阵，要求非零元为：$a_{12}＝5$，$a_{23}＝1$，$a_{32}＝3$.

解　MATLAB 命令为：

```
A = sparse([1 2 3],[2 3 2],[5 1 3],4,4)
A =
    (1,2)        5
    (3,2)        3
    (2,3)        1
A1 = full(A)
A1 =
     0     5     0     0
     0     0     1     0
     0     3     0     0
     0     0     0     0
```

例 5-16　创建 6 阶带状稀疏矩阵并将其转化为全元素矩阵，要求：主对角线的元素全为 1，主对角线之上的元素全为－1，主对角线之下的元素为 1，2，3，4，5.

解　MATLAB 命令为：

```
S1 = sparse(1:6,1:6,1);
S2 = sparse(1:5,2:6,-1,6,6,5);          % 创建只含有主对角线之上元素的稀疏矩阵,维数为 6×6,其中非零
                                          元是 5 个,全为 -1
S3 = sparse(2:6,1:5,[1,2,3,4,5],6,6,5); % 创建只含有主对角线之下元素的稀疏矩阵,维数为 6×6,其中非零
                                          元是 5 个,分别为 1,2,3,4,5
```

```
S = S1 + S2 + S3
S =
   (1,1)     1
   (2,1)     1
   (1,2)    -1
   (2,2)     1
   (3,2)     2
   (2,3)    -1
   (3,3)     1
   (4,3)     3
   (3,4)    -1
   (4,4)     1
   (5,4)     4
   (4,5)    -1
   (5,5)     1
   (6,5)     5
   (5,6)    -1
   (6,6)     1
A = full(S)
A =
     1    -1     0     0     0     0
     1     1    -1     0     0     0
     0     2     1    -1     0     0
     0     0     3     1    -1     0
     0     0     0     4     1    -1
     0     0     0     0     5     1
```

5.2.3　稀疏矩阵的查看

对于稀疏矩阵而言，经常需要查看非零项，MATLAB 经常用到以下函数来实现：

- nnz：查看稀疏矩阵非零项的个数.
- nonzeros：查看稀疏矩阵的所有非零项.
- nzmax：返回稀疏矩阵的非零项所占的存储空间.
- find：返回稀疏矩阵的非零项的值及行数和列数.

例 5-17　假定某稀疏矩阵为 A，查看其信息.

解　MATLAB 命令为：

```
A = sparse([1 2 3 3],[1 3 2 1],[-1 1 3 -2],5,4);
 n = nnz(A)          % A 的非零项的个数
 n =
      4
nonzeros(A)          % A 的非零项的值
```

```
ans =

    - 1
    - 2
      3
      1
nx = nzmax(A)          % A 的非零项的存储空间
nx =
      4
[i,j,s] = find(A)      % A 的非零项所在的行数、列数以及值
i =
      1
      3
      3
      2
j =
      1
      1
      2
      3
s =
    - 1
    - 2
      3
      1
```

将其还原成全元素矩阵，验证以上结论：

```
A1 = full(A)
A1 =
    - 1    0    0    0
      0    0    1    0
    - 2    3    0    0
      0    0    0    0
      0    0    0    0
```

5.2.4 稀疏带状矩阵

实际应用中常常会遇到稀疏带状矩阵，其创建由以下函数实现：

S＝spdiags(B，d，m，n)　　抽取及创建带状、对角稀疏矩阵.

说明　参数 m、n 表示生成 $m \times n$ 维的矩阵 S；d 是一个元素为整数的列向量，其中整数的含义是将位置 $S(i，i)$ 对应的斜行记为 0，其下方与其平行的行记为负数，上方与其平行的行记为正数，例如，向下平移 n 行的位置记为 $-n(n>0)$，向上平移 n 行的位置记为 $n(n>0)$；B 表示一个矩阵，用来指定生成的矩阵 S 中位置为 d 中的整数斜行上的元素.

例 5-18　举例说明如何使用 spdiags 命令来创建稀疏矩阵.

解　MATLAB 命令为：

```
B = [1 2 3;-1 -2 -3;1 2 3;-1 -2 -3]
B =
        1        2        3
       -1       -2       -3
        1        2        3
       -1       -2       -3
d = [-3;0;2]
d =
       -3
        0
        2
S = spdiags(B,d,7,4)
S =
   (1,1)        2
   (4,1)        1
   (2,2)       -2
   (5,2)       -1
   (1,3)        3
   (3,3)        2
   (6,3)        1
   (2,4)       -3
   (4,4)       -2
   (7,4)       -1
D = full(S)
D =
        2        0        3        0
        0       -2        0       -3
        0        0        2        0
        1        0        0       -2
        0       -1        0        0
        0        0        1        0
        0        0        0       -1
```

说明　从还原成全元素的矩阵 D 中可以看出：$D(1,1)$，$D(2,2)$，$D(3,3)$，$D(4,4)$ 对应的位置记为 0，其向下平移 3 行的位置记为 -3，在此斜行上对应的元素是 B 中的第一列元素；位置记为 0 的斜行上对应元素是 B 的第二列元素；位置记为 2（表示 0 位置向上平移 2 行）的斜行上对应元素是 B 的第三列元素.

5.3　线性方程组的解法

在许多实际问题中，我们经常会碰到线性方程组的求解问题，本节将主要介绍两种常用解法：逆矩阵解法和初等变换法.

5.3.1　逆矩阵解法

线性方程组直接求解可用求逆的方法以及左除和右除来实现.

1) 考虑线性方程组 $Ax=b$（其中系数矩阵 A 是可逆方阵），其解为 $x=A^{-1}b$，则可由命令 $x = \mathrm{inv(A)} * b$ 或命令 $x = \mathrm{A \backslash b}$ 求得．其中第一种命令形式是运用逆矩阵求解，第二种命令形式是用矩阵的左除求得．我们建议使用第二种形式，因为与第一种相比，其求解速度更快，数值更精确．

例 5-19　解下列方程组：

$$\begin{cases} x_1 + 2x_2 + 3x_3 = 2 \\ x_1 + 3x_2 + 5x_3 = 4 \\ x_1 + 3x_2 + 6x_3 = 5 \end{cases}$$

解　MATLAB 命令为：

```
A=[1,2,3;1,3,5;1,3,6];
b=[2;4;5];
x = A\b
x =
    -1
     0
     1
```

或

```
x = inv(A) * b
x =
    -1
     0
     1
```

2) 若矩阵方程形式为 $AX=B$ 或 $XA=B$（其中 A,X 和 B 都是矩阵），则可直接使用左除和右除来对方程组求解．命令格式如下：

- $X=A\backslash B$　表示求解矩阵方程 $AX=B$ 的解．
- $X=B/A$　表示求解矩阵方程 $XA=B$ 的解．

例 5-20　求解下列矩阵方程：

$$X \begin{bmatrix} 2 & 1 & -1 \\ 2 & 1 & 0 \\ 1 & -1 & 1 \end{bmatrix} = \begin{bmatrix} 1 & -1 & 3 \\ 4 & 3 & 2 \end{bmatrix}$$

解　MATLAB 命令为：

```
A=[2,1,-1;2,1,0;1,-1,1];B=[1,-1,3;4,3,2];
X = B/A
X =
    -2.0000    2.0000    1.0000
    -2.6667    5.0000   -0.6667
```

5.3.2　初等变换法

通过对系数矩阵 A 或增广矩阵 B 进行初等行变换，将其化简为行阶梯阵，MATLAB 的命令是 rref(A) 或 rref(B)．

1) 可通过观察它们的秩与未知量的个数 n 之间的关系判别解的情况．（或由 MATLAB 中的命令 rank(A) 或 rank(B) 求得系数矩阵或增广矩阵的秩．）

（a）n 元齐次线性方程组 $AX=0$ 至少有一个零解，当系数矩阵 A 的秩 $=n$ 时，方程组 $AX=0$ 有唯一的零解；当系数矩阵 A 的秩 $<n$ 时，方程组 $AX=0$ 有无穷多解.

（b）n 元非齐次线性方程组 $AX=b$ 有解的充要条件是系数矩阵的秩等于增广矩阵的秩，即 $R(A)=R(A\ \ b)$. 当 $R(A)=R(A\ \ b)<n$ 时，方程组 $AX=b$ 有无穷多解；当 $R(A)=R(A\ \ b)=n$ 时，方程组 $AX=b$ 有唯一解. 当 $R(A)\neq R(A\ \ b)$ 时，方程组 $AX=b$ 无解.

2）如果有解，可由简化行阶梯阵写出对应的同解方程组，进而求出通解.

例 5-21　求下列齐次线性方程组

$$\begin{cases} x_1 - 8x_2 + 10x_3 + 2x_4 = 0 \\ 2x_1 + 4x_2 + 5x_3 - x_4 = 0 \\ 3x_1 + 8x_2 + 6x_3 - 2x_4 = 0 \end{cases}$$

的通解.

解　MATLAB 命令为：
```
A = [1 - 8 10 2;2 4 5 - 1;3 8 6 - 2];
rref(A)
ans =
    1        0        4        0
    0        1      - 3/4    - 1/4
    0        0        0        0
```

结果分析：可以看出系数矩阵 A 的秩为 2，小于未知量的个数 4，所以有无穷多解. 原方程组对应的同解方程组为：

$$\begin{cases} x_1 = -4x_3 \\ x_2 = \dfrac{3}{4}x_3 + \dfrac{1}{4}x_4 \end{cases}$$

分别取 $\begin{bmatrix} x_3 \\ x_4 \end{bmatrix} = \begin{bmatrix} 1 \\ -3 \end{bmatrix}$ 和 $\begin{bmatrix} x_3 \\ x_4 \end{bmatrix} = \begin{bmatrix} 0 \\ 4 \end{bmatrix}$，解得方程组的基础解系为：

$$\xi_1 = \begin{bmatrix} -4 \\ 0 \\ 1 \\ -3 \end{bmatrix}, \qquad \xi_2 = \begin{bmatrix} 0 \\ 1 \\ 0 \\ 4 \end{bmatrix}$$

所以方程组的通解为：

$$\begin{bmatrix} x_1 \\ x_2 \\ x_3 \\ x_4 \end{bmatrix} = k_1 \begin{bmatrix} -4 \\ 0 \\ 1 \\ -3 \end{bmatrix} + k_2 \begin{bmatrix} 0 \\ 1 \\ 0 \\ 4 \end{bmatrix}，\text{其中 } k_1, k_2 \text{ 为任意实数}$$

例 5-22　求下列非齐次线性方程组

$$\begin{cases} x_1 - x_2 - x_3 + x_4 = 0 \\ x_1 - x_2 + x_3 - 3x_3 = 1 \\ x_1 - x_2 - 2x_3 + 3x_4 = -\dfrac{1}{2} \end{cases}$$

的通解.

解　MATLAB 命令为：

```
B=[1 -1 -1 1 0;1 -1 1 -3 1;1 -1 -2 3 -1/2];
rref(B)
ans =
      1     -1      0     -1     1/2
      0      0      1     -2     1/2
      0      0      0      0      0
```

结果分析：可以看出增广矩阵的秩为 2，等于系数矩阵的秩，而小于未知量的个数 4，所以方程组有无穷多解. 原方程组对应的同解方程组为：

$$\begin{cases} x_1 = x_2 + x_4 + \dfrac{1}{2} \\ x_3 = 2x_4 + \dfrac{1}{2} \end{cases}$$

可找到其中一个特解为：

$$\eta^* = \begin{bmatrix} \dfrac{1}{2} \\ 0 \\ \dfrac{1}{2} \\ 0 \end{bmatrix}$$

再求解对应的齐次线性方程组 $\begin{cases} x_1 = x_2 + x_4 \\ x_3 = 2x_4 \end{cases}$，可得到一个基础解系：

$$\xi_1 = \begin{bmatrix} 1 \\ 1 \\ 0 \\ 0 \end{bmatrix}, \qquad \xi_2 = \begin{bmatrix} 1 \\ 0 \\ 2 \\ 1 \end{bmatrix}$$

因此，此方程组的通解为：

$$\begin{bmatrix} x_1 \\ x_2 \\ x_3 \\ x_4 \end{bmatrix} = c_1 \begin{bmatrix} 1 \\ 1 \\ 0 \\ 0 \end{bmatrix} + c_2 \begin{bmatrix} 1 \\ 0 \\ 2 \\ 1 \end{bmatrix} + \begin{bmatrix} \dfrac{1}{2} \\ 0 \\ \dfrac{1}{2} \\ 0 \end{bmatrix} \quad (c_1, c_2 \in \mathbf{R})$$

5.3.3　矩阵分解法

矩阵分解是指用某种算法将一个矩阵分解成若干个矩阵的乘积. 常用的矩阵分解有 LU 分解、QR 分解和 Cholesky 分解. 通过矩阵分解的方法求解线性方程组的优点是运算速度快、节省存储空间.

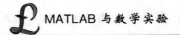
1. 矩阵的 LU 分解法

矩阵的 LU 分解是指将一个方阵 A 分解为一个下三角置换矩阵 L 和一个上三角矩阵 U 的乘积，如 $A=LU$ 的形式. 矩阵的 LU 分解又称为高斯消去分解或三角分解.

n 阶矩阵 A 有唯一的 LU 分解的充要条件是 A 的各阶顺序主子式不为零. 矩阵 LU 分解命令格式如下:

1) $[L, U]=lu(A)$: 将方阵 A 分解为一个下三角置换矩阵 L 和一个上三角矩阵 U 的乘积. 使用此命令时，矩阵 L 往往不是一个下三角矩阵，但可以通过行交换转化为一个下三角矩阵.

2) $[L, U, P]=lu(A)$: 将方阵 A 分解为一个下三角矩阵 L 和一个上三角矩阵 U 以及一个置换矩阵 P，使之满足: $PA=LU.$

将矩阵 A 进行 LU 分解后，线性方程组 $Ax=b$ 的解为 $x=U \backslash (L \backslash b)$ 或 $x=U \backslash (L \backslash Pb).$

例 5-23 对矩阵

$$A = \begin{bmatrix} 1 & 2 & 3 \\ 4 & 5 & 6 \\ 7 & 8 & 9 \end{bmatrix}$$

进行 LU 分解.

解 第 1 种方法，用第 1 种命令格式:

```
A = [1 2 3;4 5 6;7 8 9];
[L,U] = lu(A)
L =
    0.1429    1.0000         0
    0.5714    0.5000    1.0000
    1.0000         0         0
U =
    7.0000    8.0000    9.0000
         0    0.8571    1.7143
         0         0    0.0000
```

其中矩阵 L 可以通过行交换转化为一个下三角矩阵.

第 2 种方法，用第 2 种命令格式:

```
A = [1 2 3;4 5 6;7 8 9];
[L,U,P] = lu(A)
L =
    1.0000         0         0
    0.1429    1.0000         0
    0.5714    0.5000    1.0000
U =
    7.0000    8.0000    9.0000
         0    0.8571    1.7143
         0         0    0.0000
P =
```

```
            0        0        1
            1        0        0
            0        1        0
```

可以验证 **PA＝LU** 成立：

```
P * A - L * U
ans =
            0        0        0
            0        0        0
            0        0        0
```

例 5-24　通过矩阵 LU 分解求解下面的方程组：

$$
\begin{bmatrix}
1 & 2 & 3 & 4 \\
1 & 2^2 & 3^2 & 4^2 \\
1 & 2^3 & 3^3 & 4^3 \\
1 & 2^4 & 3^4 & 4^4
\end{bmatrix}
\begin{bmatrix}
x_1 \\ x_2 \\ x_3 \\ x_4
\end{bmatrix}
=
\begin{bmatrix}
4 \\ 20 \\ 82 \\ 320
\end{bmatrix}
$$

解　编写 M 文件：

```
a = 1 : 4;
for i = 1 : 4
A(i, : ) = a. ^i;
End                    % 循环语句生成 A 矩阵, 也可直接输入
A
[L,U] = lu(A);
b = [4;20;82;320];
x = U\(L\b)
```

运行结果为：

```
A =
        1     2     3     4
        1     4     9    16
        1     8    27    64
        1    16    81   256
x =
     - 1.0000
     - 1.0000
       1.0000
       1.0000
```

2. 矩阵的 QR 分解法（正交分解）

　　矩阵的 QR 分解是指将一个矩阵 **A** 分解为一个正交矩阵 **Q** 和一个上三角矩阵 **R** 的乘积，如 **A＝QR** 的形式，其中 **Q** 是正交矩阵，满足 $QQ^T＝E$（**E** 指单位矩阵）．矩阵的 QR 分解又称为正交分解．

　　矩阵 QR 分解的命令格式如下：

　　1）[Q，R]＝qr(A)：将矩阵 **A** 分解为一个正交矩阵 **Q** 和一个上三角矩阵 **R** 的乘积．

2）［Q，R，P］＝qr(A)：将矩阵 $\boldsymbol{A}$ 分解为一个正交矩阵 $\boldsymbol{Q}$ 和一个上三角矩阵 $\boldsymbol{R}$ 以及一个置换矩阵 $\boldsymbol{P}$，使之满足 $\boldsymbol{AP}=\boldsymbol{QR}$.

将矩阵 $\boldsymbol{A}$ 进行 QR 分解后，线性方程组 $\boldsymbol{Ax}=\boldsymbol{b}$（其中 $\boldsymbol{A}$ 为方阵）的解为：$\boldsymbol{x}=\boldsymbol{R}\setminus(\boldsymbol{Q}\setminus\boldsymbol{b})$ 或 $\boldsymbol{x}=\boldsymbol{P}(\boldsymbol{R}\setminus(\boldsymbol{Q}\setminus\boldsymbol{b}))$.

例 5-25　将矩阵

$$\boldsymbol{A}=\begin{bmatrix}1 & -1 & 2 & 4\\ 0 & 2 & 7 & 3\\ 9 & 6 & 1 & -2\\ 3 & 4 & -1 & -6\end{bmatrix}$$

进行 QR 分解.

解　第 1 种方法，用第 1 种命令格式：

```
A=[1 -1 2 4;0 2 7 3;9 6 1 -2;3 4 -1 -6]
A =
    1    -1     2     4
    0     2     7     3
    9     6     1    -2
    3     4    -1    -6
[Q,R]=qr(A)
Q =
  -0.1048    0.5272    0.4709    0.6995
        0   -0.6151    0.7857   -0.0653
  -0.9435    0.1318    0.0788   -0.2938
  -0.3145   -0.5712   -0.3933    0.6482
R =
  -9.5394   -6.8139   -0.8386    3.3545
        0   -3.2514   -2.5484    3.4271
        0         0    6.9139    6.4430
        0         0         0   -0.6995
```

为验证结果是否正确，输入如下命令：

```
Q*Q'
ans =
    1.0000    0.0000   -0.0000   -0.0000
    0.0000    1.0000    0.0000    0.0000
   -0.0000    0.0000    1.0000   -0.0000
   -0.0000    0.0000   -0.0000    1.0000
Q*R
ans =
    1.0000   -1.0000    2.0000    4.0000
         0    2.0000    7.0000    3.0000
    9.0000    6.0000    1.0000   -2.0000
    3.0000    4.0000   -1.0000   -6.0000
```

这说明结果正确.

第 2 种方法, 用第 2 种命令格式:

```
A = [1 - 1 2 4;0 2 7 3;9 6 1 - 2;3 4 - 1 - 6];
[Q,R,P] = qr(A)
Q =
   - 0. 1048      - 0. 2595        0. 5631        0. 7776
          0      - 0. 9500      - 0. 2946      - 0. 1037
   - 0. 9435      - 0. 0283        0. 1871      - 0. 2722
   - 0. 3145        0. 1715      - 0. 7491        0. 5573
R =
   - 9. 5394      - 0. 8386        3. 3545      - 6. 8139
          0      - 7. 3686      - 4. 8602      - 1. 1245
          0             0         5. 4887      - 3. 0259
          0             0              0       - 0. 3888
P =
      1      0      0      0
      0      0      0      1
      0      1      0      0
      0      0      1      0
```

例 5-26　用 QR 分解求解下列线性方程组:

$$\begin{cases} 2x_1 + x_2 + x_3 + 4x_4 = 7 \\ x_1 + 2x_2 - x_3 + 4x_4 = 5 \\ x_1 - x_2 + 3x_3 + 3x_4 = 2 \\ 2x_1 + x_2 - 2x_3 + 2x_4 = 9 \end{cases}$$

解　MATLAB 命令为:

```
A = [2 1 1 4;1 2 - 1 4;1 - 1 3 3;2 1 - 2 2];
b = [7;5;2;9];
[Q,R] = qr(A)
Q =
   - 0. 6325             0      - 0. 3780      - 0. 6761
   - 0. 3162      - 0. 7071      - 0. 3780        0. 5071
   - 0. 3162        0. 7071      - 0. 3780        0. 5071
   - 0. 6325             0         0. 7559        0. 1690
R =
   - 3. 1623      - 1. 5811        0. 0000      - 6. 0083
          0      - 2. 1213        2. 8284      - 0. 7071
          0             0       - 2. 6458      - 2. 6458
          0             0              0         1. 1832
x = R\(Q\b)
x =
```

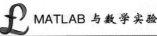

$$
\begin{aligned}
&3.4762\\
&-0.2381\\
&-0.8571\\
&0.2857
\end{aligned}
$$

3. 矩阵的 Cholesky 分解法

矩阵的 Cholesky（楚列斯基）分解是指将对称正定矩阵 A 分解成一个下三角矩阵和其转置矩阵（一个下三角矩阵）的乘积，如 $A = R^T R$ 的形式.

矩阵 Cholesky 分解的命令格式如下：

1）R＝chol(A)；产生一个上三角矩阵 R，使得 $A = R^T R$. 注意：A 为对称且正定的矩阵，若输入的 A 不是此类型矩阵，则输出一条出错信息

2）[R，p]＝chol(A)；产生一个上三角矩阵 R 以及一个数 p. 当 A 为对称正定矩阵时，输出与第 1 种命令格式相同的上三角矩阵 R，此时 $p=0$；当 A 不是对称正定矩阵时，该命令不显示出错信息，此时 p 为一个正数，若 A 为满秩矩阵，则此时输出的 R 为一个阶数为 $p-1$ 的上三角矩阵.

将矩阵 A 进行 Cholesky 分解后，线性方程组 $Ax = b$ 的解为 $x = R \setminus (R^T \setminus b)$.

例 5-27　将矩阵

$$
A = \begin{bmatrix} 2 & 1 & -1 \\ 1 & 2 & 0 \\ -1 & 0 & 1 \end{bmatrix}
$$

进行 Cholesky 分解.

解　第 1 种方法，用第 1 种命令格式：

```
A = [2 1 -1;1 2 0;-1 0 1];
R = chol(A)
R =
    1.4142   0.7071   -0.7071
         0   1.2247    0.4082
         0        0    0.5774
```

验证 $A = R^T R$：

```
R'* R
ans =
    2.0000   1.0000   -1.0000
    1.0000   2.0000         0
   -1.0000        0    1.0000
```

第 2 种方法，用第 2 种命令格式：

```
A = [2 1 -1;1 2 0;-1 0 1];
[R,p] = chol(A)
R =
    1.4142   0.7071   -0.7071
         0   1.2247    0.4082
         0        0    0.5774
```

$$p = $$
$$0$$

$p=0$ 说明 A 是一个对称正定矩阵.

5.3.4　迭代解法

线性方程组 $Ax=b$ 的系数矩阵 A 为非奇异矩阵，且 A 的所有对角元 $a_{kk}\neq 0(k=1,2,\cdots,n)$ 时，则由克莱姆法则知，线性方程组存在唯一的解 X^*. 利用迭代法公式对线性方程组进行迭代计算，可求得线性方程组的近似解 $X^{(m)}=(x_1^{(m)},\cdots,x_n^{(m)})^{\mathrm{T}}$.

常用的迭代法有雅可比迭代法和高斯-塞德尔迭代法，其思想是将方程组 $AX=b$ 等价变形为 $X=BX+g$ 的形式，由此构造出迭代公式 $X^{(m+1)}=BX^{(m)}+f$. 若矩阵 B 满足谱半径 $\rho(B)<1$，则当 $n\rightarrow\infty$ 时，$X^{(m)}$ 的极限就是原方程组的解.

考虑如下 n 元线性方程组：

$$\begin{cases} a_{11}x_1 + a_{12}x_2 + \cdots + a_{1n}x_n = b_1 \\ a_{21}x_1 + a_{22}x_2 + \cdots + a_{2n}x_n = b_2 \\ \vdots \\ a_{n1}x_1 + a_{n2}x_2 + \cdots + a_{nn}x_n = b_n \end{cases} \tag{5-4}$$

若 $a_{kk}\neq 0(k=1,2,\cdots,n)$，将式（5-4）中每个方程的 a_{kk} 留在方程左边，其余各项移到方程右边. 将方程两边除以 a_{kk}，则得到下列同解方程组：

$$\begin{cases} x_1 = \qquad\quad -\dfrac{a_{12}}{a_{11}}x_2 - \cdots - \dfrac{a_{1n}}{a_{11}}x_n \qquad + \dfrac{b_1}{a_{11}} \\ x_2 = -\dfrac{a_{21}}{a_{22}}x_1 \qquad\qquad - \cdots - \dfrac{a_{2n}}{a_{22}}x_n \qquad + \dfrac{b_2}{a_{22}} \\ \vdots \qquad \vdots \qquad \vdots \qquad\qquad \vdots \qquad\qquad \vdots \\ x_n = -\dfrac{a_{n1}}{a_{nn}}x_1 - \dfrac{a_{n2}}{a_{nn}}x_2 - \cdots - \dfrac{a_{n,n-1}}{a_{nn}}x_{n-1} + \dfrac{b_n}{a_{nn}} \end{cases} \tag{5-5}$$

1. 雅可比迭代计算

对方程组（5-5）构造如下迭代等式：

$$\begin{cases} x_1^{(m+1)} = \dfrac{1}{a_{11}}(b_1 - a_{12}x_2^{(m)} - \cdots - a_{1n}x_n^{(m)}) \\ x_2^{(m+1)} = \dfrac{1}{a_{22}}(b_2 - a_{21}x_1^{(m)} - \cdots - a_{2n}x_n^{(m)}) \\ \vdots \qquad \vdots \quad \vdots \qquad \vdots \qquad\qquad \vdots \\ x_n^{(m+1)} = \dfrac{1}{a_{nn}}(b_n - a_{n1}x_1^{(m)} - \cdots - a_{nn-1}x_{n-1}^{(m)}) \end{cases} \quad (m=0,1,\cdots)$$

或写成矩阵形式，先将方程组（5-5）的系数矩阵 A 分解为：

$$A = D - L - U = \begin{bmatrix} a_{11} & 0 & \cdots & 0 \\ 0 & a_{22} & \cdots & 0 \\ \vdots & \vdots & & \vdots \\ 0 & 0 & \cdots & a_{nn} \end{bmatrix} + \begin{bmatrix} 0 & 0 & \cdots & 0 \\ a_{21} & 0 & \cdots & 0 \\ \vdots & \vdots & & \vdots \\ a_{n1} & a_{n2} & \cdots & 0 \end{bmatrix} + \begin{bmatrix} 0 & a_{12} & \cdots & a_{1n} \\ 0 & 0 & \cdots & a_{2n} \\ \vdots & \vdots & & \vdots \\ 0 & 0 & \cdots & 0 \end{bmatrix}$$

其中,

$$D = \begin{bmatrix} a_{11} & 0 & \cdots & 0 \\ 0 & a_{22} & \cdots & 0 \\ \vdots & \vdots & & \vdots \\ 0 & 0 & \cdots & a_{nn} \end{bmatrix}, \quad -L = \begin{bmatrix} 0 & 0 & \cdots & 0 \\ a_{21} & 0 & \cdots & 0 \\ \vdots & \vdots & & \vdots \\ a_{n1} & a_{n2} & \cdots & 0 \end{bmatrix}, \quad -U = \begin{bmatrix} 0 & a_{12} & \cdots & a_{1n} \\ 0 & 0 & \cdots & a_{2n} \\ \vdots & \vdots & & \vdots \\ 0 & 0 & \cdots & 0 \end{bmatrix}$$

则雅可比迭代法的矩阵形式为:

$$X^{(m+1)} = BX^{(m)} + f, \quad (m = 0, 1, \cdots) \tag{5-6}$$

其中,

$$B = D^{-1}(L + U) = \begin{bmatrix} 0 & -\dfrac{a_{12}}{a_{11}} & \cdots & -\dfrac{a_{1n}}{a_{11}} \\ -\dfrac{a_{21}}{a_{22}} & 0 & \cdots & -\dfrac{a_{n2}}{a_{22}} \\ \vdots & \vdots & & \vdots \\ -\dfrac{a_{n1}}{a_{nn}} & -\dfrac{a_{n2}}{a_{nn}} & \cdots & 0 \end{bmatrix}, \quad f = D^{-1}b = \begin{bmatrix} -\dfrac{b_1}{a_{11}} \\ -\dfrac{b_2}{a_{22}} \\ \vdots \\ -\dfrac{b_n}{a_{nn}} \end{bmatrix} \tag{5-7}$$

特别地,若一个矩阵 $A = (a_{ij})_{n \times n}$ 的元素满足

$$|a_{kk}| > \sum_{\substack{j=1 \\ j \neq k}}^{n} |a_{kj}| \quad (k = 1, 2, \cdots, n) \tag{5-8}$$

则称矩阵 A 是严格对角占优的. 此时,线性代数方程组

$$Ax = b$$

有唯一解 X^*,且对任意初始向量 $X^{(0)}$,由式 (5-6) 和式 (5-7) 定义的迭代序列 $\{X^{(k)}\}$ 都收敛到 X^*.

例 5-28 判别下列方程组的雅可比迭代产生的序列是否会收敛:

$$1) \begin{cases} 10x_1 - x_2 - 2x_3 = 7.2 \\ -x_1 + 10x_2 - 2x_3 = 8.3 \\ -x_1 - x_2 + 5x_3 = 4.2 \end{cases} \qquad 2) \begin{cases} 10x_1 - x_2 - 2x_3 = 7.2 \\ -x_1 + 10x_2 - 2x_3 = 8.3 \\ -x_1 - x_2 + 0.5x_3 = 4.2 \end{cases}$$

解 1) MATLAB 程序如下:

```
A = [10 - 1 - 2; - 1 10 - 2; - 1 - 1 5];
for j = 1:3
    a(j) = sum(abs(A( : ,j))) - 2 * (abs(A(j,j)));
end
for i = 1:3
    if a(i) > = 0
        disp('系数矩阵 A 不是严格对角占优的,此雅可比迭代不一定收敛')
```

```
        return
      end
    end
    if a(i)<0
        disp('系数矩阵 A 是严格对角占优的,此方程组有唯一解,且雅可比迭代收敛')
    end
```

运行结果如下：

系数矩阵 A 是严格对角占优的,此方程组有唯一解,且雅可比迭代收敛

2）MATLAB 程序如下：

```
A = [10 - 1 - 2; - 1 10 - 2; - 1 - 1 0.5];
for j = 1 : 3
    a(j) = sum(abs(A(:,j))) - 2 * (abs(A(j,j)));
end
for i = 1 : 3
    if a(i)> = 0
        disp('系数矩阵 A 不是严格对角占优的,此雅可比迭代不一定收敛')
        return
    end
end
if a(i)<0
    disp('系数矩阵 A 是严格对角占优的,此方程组有唯一解,且雅可比迭代收敛')
end
```

运行结果如下：

系数矩阵 A 不是严格对角占优的,此雅可比迭代不一定收敛

例 5-29 求下列线性方程组的精确解，并比较用雅可比迭代法求解的结果，假设最大迭代步数为 10 步.

$$\begin{cases} 10x_1 - x_2 - 2x_3 = 7.2 \\ -x_1 + 10x_2 - 2x_3 = 8.3 \\ -x_1 - x_2 + 5x_3 = 4.2 \end{cases}$$

思路 先将方程组同解变形，然后建立雅可比迭代方程组，并选择初始值，再利用雅可比迭代公式迭代计算.

解一 首先将方程组同解变形为：

$$\begin{cases} x_1 = \dfrac{1}{10}(x_2 + 2x_3 + 7.2) \\ x_2 = \dfrac{1}{10}(x_1 + 2x_3 + 8.3) \\ x_3 = \dfrac{1}{5}(x_1 + x_2 + 4.2) \end{cases}$$

此时雅可比迭代公式为：

$$\begin{cases} x_1^{(m+1)} = 0.1x_2^{(m)} + 0.2x_3^{(m)} + 0.72 \\ x_2^{(m+1)} = 0.1x_1^{(m)} + 0.2x_3^{(m)} + 0.83 \quad (m=0,1,\cdots) \\ x_3^{(m+1)} = 0.2x_1^{(m)} + 0.2x_2^{(m)} + 0.84 \end{cases}$$

选取初始值 $x_1^{(0)}=0$，$x_2^{(0)}=0$，$x_3^{(0)}=0$，其 MATLAB 程序如下：

```
X0 = [0,0,0]';
A = [10, -1, -2; -1, 10 -2; -1, -1, 5];
b = [7.2,8.3,4.2]';
X1 = A\b;
t = [];
n = 10;
for k = 1:n
    for j = 1:3
        X(j) = (b(j) - A(j,[1:j-1,j+1:3]) * X0([1:j-1,j+1:3])) / A(j,j);
    end
    t = [t, X'];
    X0 = X';
end
disp('方程组精确解：')
X1
disp('方程组迭代 10 步后的解：')
X
disp('方程组每次迭代的解：')
t'
```

运行结果如下：

方程组精确解：

X1 =

    1.1000

    1.2000

    1.3000

方程组迭代 10 步后的解：

X =

    1.1000   1.2000   1.3000

方程组每次迭代的解：

ans =

0.7200	0.8300	0.8400
0.9710	1.0700	1.1500
1.0570	1.1571	1.2482
1.0854	1.1853	1.2828
1.0951	1.1951	1.2941
1.0983	1.1983	1.2980
1.0994	1.1994	1.2993
1.0998	1.1998	1.2998
1.0999	1.1999	1.2999
1.1000	1.2000	1.3000

解二　令

$$\boldsymbol{D} = \begin{bmatrix} 10 & & \\ & 10 & \\ & & 5 \end{bmatrix}, \qquad \boldsymbol{L} = -\begin{bmatrix} 0 & & \\ -1 & 0 & \\ -1 & -1 & 0 \end{bmatrix}, \qquad \boldsymbol{U} = -\begin{bmatrix} 0 & -1 & -2 \\ & 0 & -2 \\ & & 0 \end{bmatrix}$$

仍以 $x_1^{(0)} = 0$，$x_2^{(0)} = 0$，$x_3^{(0)} = 0$ 为初始值，则可编写如下代码：

```
X0 = [0,0,0]';

D = diag([10,10,5]);
L = -[0 0 0; -1 0 0; -1 -1 0];
U = -[0 -1 -2;0 0 -2;0 0 0];
A = D - L - U;
b = [7.2,8.3,4.2]';
X1 = A\b;
t = [];

dD = det(D);
if dD = = 0
  disp('因为对角矩阵 D 奇异,所以此方程组无解.')
else
  disp('因为对角矩阵 D 非奇异,所以此方程组有解.')
  iD = inv(D); B1 = iD*(L+U);f1 = iD*b;
  for k = 1:10
    X = B1*X0 + f1;
    X0 = X;
    t = [t,X];
  end
end
disp('方程组精确解:')
X1
disp('方程组迭代 10 步后的解:')
X
disp('方程组每次迭代的解:')
t'
```

运行结果如下：

```
因为对角矩阵 D 非奇异,所以此方程组有解.
方程组精确解:
X1 =
     1.1000
     1.2000
     1.3000
方程组迭代 10 步后的解:
X =
```

　　　1.1000
　　　1.2000
　　　1.3000
方程组每次迭代的解：
ans =
　　0.7200　　0.8300　　0.8400
　　0.9710　　1.0700　　1.1500
　　1.0570　　1.1571　　1.2482
　　1.0854　　1.1853　　1.2828
　　1.0951　　1.1951　　1.2941
　　1.0983　　1.1983　　1.2980
　　1.0994　　1.1994　　1.2993
　　1.0998　　1.1998　　1.2998
　　1.0999　　1.1999　　1.2999
　　1.1000　　1.2000　　1.3000

注： 雅可比迭代求解可用以上两种方式编写程序.

2. 高斯-塞德尔迭代法

对方程组（5-5）还可构造如下迭代形式：

$$\begin{cases} x_1^{(m+1)} = \dfrac{1}{a_{11}}(b_1 - a_{12}x_2^{(m)} - a_{13}x_3^{(m)} - \cdots - a_{1n}x_n^{(m)}) \\ x_2^{(m+1)} = \dfrac{1}{a_{22}}(b_2 - a_{21}x_1^{(m+1)} - a_{23}x_3^{(m)} - \cdots - a_{2n}x_n^{(m)}) \\ \vdots \\ x_n^{(m+1)} = \dfrac{1}{a_{nn}}(b_n - a_{n1}x_1^{(m+1)} - a_{n2}x_2^{(m+1)} - \cdots - a_{nn-1}x_{n-1}^{(m+1)}) \end{cases} \quad (m=0,1,\cdots)$$

或写为矩阵形式：$X^{(m+1)} = B_1 X^{(m)} + f_1 (m=0,1,\cdots)$，其中高斯-塞德尔迭代矩阵 $B_1 = (D-L)^{-1}U$，$f_1 = (D-L)^{-1}b$.

　　类似雅可比迭代法，可以根据方程组系数矩阵的性质判断算法的收敛性，特别地，若方程组的系数矩阵 A 是对称正定的，则对于任意初始向量 $X^{(0)}$，高斯-塞德尔迭代过程产生的迭代序列都收敛于线性方程组的解 X^*.

例 5-30 求下列线性方程组的精确解，并比较用高斯-塞德尔迭代法求解的结果，假设最大迭代步数为 10 步.

$$\begin{cases} 10x_1 - x_2 - 2x_3 = 7.2 \\ -x_1 + 10x_2 - 2x_3 = 8.3 \\ -x_1 - x_2 + 5x_3 = 4.2 \end{cases}$$

解一 首先将线性代数方程组改写为：

$$\begin{cases} x_1 = 0.1x_2 + 0.2x_3 + 0.72 \\ x_2 = 0.1x_1 + 0.2x_3 + 0.83 \\ x_3 = 0.2x_1 + 0.2x_2 + 0.84 \end{cases}$$

由此得到如下的高斯-塞德尔迭代形式：

$$\begin{cases} x_1^{(m+1)} = 0.1x_2^{(m)} + 0.2x_3^{(m)} + 0.72 \\ x_2^{(m+1)} = 0.1x_1^{(m+1)} + 0.2x_3^{(m)} + 0.83 \quad (m=0,1,\cdots) \\ x_3^{(m+1)} = 0.2x_1^{(m+1)} + 0.2x_2^{(m+1)} + 0.84 \end{cases}$$

故可编写如下的 MATLAB 程序：

```
X = [0,0,0]';
A = [10, -1, -2; -1, 10 -2; -1, -1, 5];
b = [7.2,8.3,4.2]';
X1 = A\b;
t = [];

n = 10;
for k = 1 : n
  for j = 1 : 3
    X(j) = (b(j) - A(j,[1:j-1,j+1:3]) * X([1:j-1,j+1:3])) / A(j,j);
  end
  t = [t, X];
end
disp('方程组精确解:')
X1
disp('方程组迭代 10 步后的解:')
X
disp('方程组每次迭代的解:')
t'
```

运行结果如下：

```
方程组精确解:
X1 =
      1.1000
      1.2000
      1.3000
方程组迭代 10 步后的解:
X =
      1.1000
      1.2000
      1.3000
方程组每次迭代的解:
ans =
      0.7200    0.9020    1.1644
      1.0431    1.1672    1.2821
      1.0931    1.1957    1.2978
      1.0991    1.1995    1.2997
      1.0999    1.1999    1.3000
```

```
 1.1000      1.2000      1.3000
 1.1000      1.2000      1.3000
 1.1000      1.2000      1.3000
 1.1000      1.2000      1.3000
 1.1000      1.2000      1.3000
```

解二 MATLAB 程序如下:

```
X0 = [0,0,0]';
A = [10, -1, -2; -1, 10 -2; -1, -1, 5];
b = [7.2,8.3,4.2]';

D = diag(diag(A));
U = - triu(A,1);
L = - tril(A, -1);
dD = det(D);

t = [];

if dD = = 0
    disp('请注意:因为对角矩阵 D 奇异,所以此方程组无解.')
else
    disp('请注意:因为对角矩阵 D 非奇异,所以此方程组有解.')
    iD = inv(D - L);
    B1 = iD * U;
    f1 = iD * b;
    X1 = A\b;
    X = X0;
    [n m] = size(A);
    for k = 1 : 10
        X = B1 * X0 + f1;
        t = [t, X];
        X0 = X;
    end
end
disp('方程组精确解:')
X1
disp('方程组迭代 10 步后的解:')
X
disp('方程组每次迭代的解:')
t'
```

运行结果如下:

```
请注意:因为对角矩阵 D 非奇异,所以此方程组有解.
方程组精确解:
X1 =
```

　　　　1.1000

　　　　1.2000

　　　　1.3000

方程组迭代 10 步后的解：

X =

　　　　1.1000

　　　　1.2000

　　　　1.3000

方程组每次迭代的解：

ans =

　　0.7200　　0.9020　　1.1644

　　1.0431　　1.1672　　1.2821

　　1.0931　　1.1957　　1.2978

　　1.0991　　1.1995　　1.2997

　　1.0999　　1.1999　　1.3000

　　1.1000　　1.2000　　1.3000

　　1.1000　　1.2000　　1.3000

　　1.1000　　1.2000　　1.3000

　　1.1000　　1.2000　　1.3000

　　1.1000　　1.2000　　1.3000

　　比较例 5-29 中给出的解法，一般地，高斯－塞德尔迭代法比雅可比迭代法要好，但也有些情况下，高斯－塞德尔迭代比雅可比迭代收敛慢，甚至雅可比迭代法收敛而高斯－塞德尔迭代法不收敛.

例 5-31　（输电网络）一种大型输电网络可简化为图 5-3 所示的电路，其中 R_1，$\cdots$，R_n 表示负载电阻 r_1，$\cdots$，r_n 表示线路内阻，设电源电压为 V.

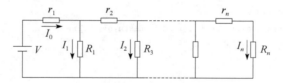

图 5-3　输电网络的简化电路图

　　1）试给出各负载上电流 I_1，$\cdots$，I_n 的方程.

　　2）设 $R_1=R_2=\cdots=R_n=R$，$r_1=r_2=\cdots=r_n=r$，在 $r=1$，$R=6$，$V=18$，$n=10$ 的情况下求 I_1，$\cdots$，I_n 及总电流 I_0.

　　解　1）记 r_1，$\cdots$，r_n 上的电流为 i_1，$\cdots$，i_n，根据电路中电流、电压的关系可以得出

$$\begin{cases} I_1 + i_2 = i_1 \\ I_2 + i_3 = i_2 \\ \vdots \\ I_{n-1} + i_n = i_{n-1} \\ I_n = i_n \end{cases} \quad \text{和} \quad \begin{cases} r_1 i_1 + R_1 I_1 = V \\ r_2 i_2 + R_2 I_2 = R_1 I_1 \\ \vdots \\ r_n i_n + R_n I_n = R_{n-1} I_{n-1} \end{cases}$$

消去 $i_1, \cdots, i_n$ 得到

$$\begin{cases} (R_1 + r_1)I_1 + r_1 I_2 + \cdots + r_1 I_n = V \\ -R_1 I_1 + (R_2 + r_2)I_2 + \cdots + r_2 I_n = 0 \\ \vdots \\ -R_{n-1}I_{n-1} + (R_n + r_n)I_n = 0 \end{cases} \qquad (5\text{-}9)$$

记

$$\boldsymbol{R} = \begin{bmatrix} R_1 + r_1 & r_1 & r_1 & \cdots & r_1 & r_1 \\ -R_1 & R_2 + r_2 & r_2 & \cdots & r_2 & r_2 \\ & -R_2 & R_3 + r_3 & \cdots & r_3 & r_3 \\ & & O & O & \vdots & \vdots \\ & & & & -R_{n-1} & R_n + r_n \end{bmatrix}$$

$$\boldsymbol{I} = (I_1, I_2, \cdots, I_n)^{\mathrm{T}}, \qquad \boldsymbol{E} = (V, 0, \cdots, 0)^{\mathrm{T}}$$

则方程（5-9）可表示为

$$\boldsymbol{RI} = \boldsymbol{E} \qquad (5\text{-}10)$$

方程（5-9）或（5-10）即为求解电流 $I_1, \cdots, I_n$ 的方程.

2）将已知条件代入并编写以下程序：

```
r = 1;
R = 6;
v = 18;
n = 10;
b1 = sparse(1,1,v,n,1);
b = full(b1);
a1 = triu(r * ones(n,n));
a2 = diag(R * ones(1,n));
a3 = - tril(R * ones(n,n), - 1) + tril(R * ones(n,n), - 2);
a = a1 + a2 + a3;
I = a \ b
I0 = sum(I)
```

运行结果如下：

```
I =
      2.0005
      1.3344
      0.8907
      0.5955
      0.3995
      0.2702
      0.1858
      0.1324
      0.1011
      0.0867
```

```
IO =
    5.9970
```

习题

1. 创建矩阵 $A = \begin{bmatrix} 1 & 0 & 0 \\ 0 & 2 & -1 \\ 0 & -1 & 3 \end{bmatrix}$, $B = \begin{bmatrix} 3 & 5 & 7 \\ 0 & 1 & 0 \end{bmatrix}$, $C = \begin{bmatrix} 1 & 1 \\ 1 & 1 \\ 1 & 1 \end{bmatrix}$, $D = \begin{bmatrix} 0 & 0 & 0 \\ 0 & 0 & 0 \end{bmatrix}$.

2. 随机生成:

(1) 一个含有 5 个元素的列向量.

(2) 一个数值在 0~100 之间的 3 行 4 列的矩阵.

3. 生成一个 5 阶魔方矩阵.

4. 生成如下三对角矩阵:

$$A = \begin{bmatrix} -2 & 1 & 0 & 0 & 0 \\ 2 & -2 & 3 & 0 & 0 \\ 0 & 4 & -2 & 5 & 0 \\ 0 & 0 & 6 & -2 & 7 \\ 0 & 0 & 0 & 8 & -2 \end{bmatrix}$$

5. 用 M 文件保存如下矩阵:

$$A = \begin{bmatrix} 1 & 2 & 3 & 4 & 5 & 6 \\ 2 & 4 & 6 & 8 & 10 & 12 \\ -1 & -2 & -3 & -4 & -5 & -6 \\ -2 & -4 & -6 & -8 & -10 & -12 \\ 1 & 1 & 1 & 1 & 1 & 1 \\ -1 & -1 & -1 & -1 & -1 & -1 \end{bmatrix}$$

6. 随机生成如下数列:

(1) 一个在 [0, 10] 之间含有 5 个数据的等差数列.

(2) 一个在 [10, 100] 之间含有 10 个数据的等比数列.

7. 生成如下数列:

(1) 生成一个从 -10 到 10 的步长是 2 的等差数列.

(2) 生成一个从 0 到 -20 的步长是 -2 的等差数列.

8. 已知矩阵 $A = \begin{bmatrix} 1 & 2 \\ 3 & 4 \end{bmatrix}$, 实现下列操作:

(1) 添加零元素使之成为一个 3×3 的方阵.

(2) 在以上操作的基础上, 将第三行元素替换为 (1　3　5).

(3) 在以上操作的基础上, 提取矩阵中第 2 个元素以及第 3 行第 2 列的元素.

9. 已知矩阵 $A = \begin{bmatrix} -2 & 1 & 4 \\ 1 & 4 & 7 \end{bmatrix}$, 实现下列操作:

（1）提取矩阵 A 的第一行元素并生成以此为主对角线元素的对角阵

$$B = \begin{bmatrix} 2 & 0 & 0 \\ 0 & 1 & 0 \\ 0 & 0 & 4 \end{bmatrix}$$

（提示：用 diag 命令生成对角阵．）

（2）在矩阵 A 后添加第三行元素（4　7　10），构成矩阵 C.

（3）生成矩阵 $D = (B \quad C)$，$F = \begin{bmatrix} C \\ B \end{bmatrix}$.

（4）删除矩阵 C 的第一列．

10. 已知矩阵 $A = \begin{bmatrix} 1 & 3 \\ 3 & 5 \end{bmatrix}$，$B = \begin{bmatrix} 2 & 4 \\ 6 & 8 \end{bmatrix}$，求：$A+B$，$A-B$，$AB$，$BA$，$|A|$，$|B|$.

11. 已知矩阵 $A = \begin{bmatrix} 1 & 3 & 5 \\ 0 & 2 & 7 \\ -1 & 1 & 3 \end{bmatrix}$，求：$|A|$，$A^{-1}$，$A^3$，$A^T A$，以及行最简形.

12. 随机输入一个 6 阶方阵，并求其转置、行列式、秩，以及行最简形.

13. 已知 $a = (3 \quad 0 \quad -1 \quad 4)$；$b = (-2 \quad 1 \quad 4 \quad 7)$；求 $a.*b$，$a.\wedge 2$，$a./b$，ab^T，$a^T b$.

14. 求矩阵 $A = \begin{bmatrix} 2 & 1 & 1 \\ 1 & 2 & 1 \\ 1 & 1 & 2 \end{bmatrix}$ 的特征多项式、特征值和特征向量.

15. 求矩阵 $A = \begin{bmatrix} 3 & 0 \\ 1 & 9 \end{bmatrix}$ 的特征多项式、特征值和特征向量.

16. 现有一个木工、一个电工和一个油漆工，三人组成互助小组共同去装修彼此的房子．在装修之前，为了相对公平，他们达成如下协议：1）每人工作的天数相等（包括给自己家干活），例如 10 天；2）每人日工资根据一般市价在 60～80 元；3）每日的日工资数应使得每人的总收入与总支出相等．下表是他们协商后制定出的工作天数的分配方案，如何计算他们每人应得的工资？

天　数 ＼ 工　种	木　工	电　工	油漆工
在木工家的工作天数	2	1	6
在电工家的工作天数	4	5	1
在油漆工家的工作天数	4	4	3

17. 将下列矩阵转化为稀疏矩阵，之后再将转换后的稀疏矩阵还原成全元素矩阵.

（1）$\begin{bmatrix} 2 & 0 & 0 & 1 \\ 0 & -2 & 1 & 0 \\ 0 & 1 & 0 & 0 \\ 1 & 0 & 0 & -2 \end{bmatrix}$　（2）$\begin{bmatrix} 1 & 0 & 0 & -1 & 0 \\ 0 & 0 & 2 & 0 & 0 \\ 0 & 1 & 0 & 0 & 3 \end{bmatrix}$　（3）$\begin{bmatrix} 1 & 0 & 0 & 0 & 2 \\ 0 & 0 & 0 & 3 & 0 \\ 0 & 0 & 1 & 0 & 0 \\ 0 & 3 & 0 & 0 & 0 \\ 2 & 0 & 0 & 0 & 1 \end{bmatrix}$

18. 创建一个 4 阶稀疏矩阵，使副对角线上元素为 1.

19. 创建如下稀疏矩阵，查看其信息，并将其还原成全元素矩阵.

(1) $\begin{bmatrix} 1 & 0 & 2 & 0 & 0 \\ 0 & 1 & 0 & 2 & 0 \\ 3 & 0 & 1 & 0 & 2 \\ 0 & 3 & 0 & 1 & 0 \\ 0 & 0 & 3 & 0 & 1 \end{bmatrix}$

(2) $\begin{bmatrix} 1 & 0 & -1 & 0 & 1 & 0 & 0 \\ 0 & 2 & 0 & -2 & 0 & 2 & 0 \\ 0 & 0 & 3 & 0 & -3 & 0 & 3 \\ 0 & 0 & 0 & 4 & 0 & -4 & 0 \\ 0 & 0 & 0 & 0 & 5 & 0 & -5 \end{bmatrix}$

20. 求解下列线性方程组：

(1) $\begin{cases} x_1 + 3x_3 = 10 \\ 2x_1 + x_2 + 4x_3 = 18 \\ x_1 - x_2 + 2x_3 = 3 \end{cases}$

(2) $\begin{cases} 2x_1 - x_2 + 3x_3 = 13 \\ x_1 + 4x_2 - 2x_3 + x_4 = -8 \\ 5x_1 + 3x_2 + 2x_3 + x_4 = 10 \\ 2x_1 + 3x_2 + x_3 - x_4 = -6 \end{cases}$

21. 求下列线性方程组的通解：

(1) $\begin{cases} x_1 + x_2 + 2x_3 - x_4 = 0 \\ -x_1 + x_2 + 3x_3 = 0 \\ 2x_1 - 3x_2 + 4x_3 - x_4 = 0 \end{cases}$

(3) $\begin{cases} x_1 + x_2 + x_3 + 4x_4 - 3x_5 = 0 \\ 2x_1 + x_2 + 3x_3 + 5x_4 - 5x_5 = 0 \\ x_1 - x_2 + 3x_3 - 2x_4 - x_5 = 0 \\ 3x_1 + x_2 + 5x_3 + 6x_4 - 7x_5 = 0 \end{cases}$

(2) $\begin{cases} x_1 - x_2 - x_3 + x_4 = 0 \\ x_1 - x_2 + x_3 - 3x_4 = 1 \\ x_1 - x_2 - 2x_3 + 3x_4 = -\dfrac{1}{2} \end{cases}$

(4) $\begin{cases} x_1 - x_2 + x_3 - x_4 = 1 \\ -x_1 + x_2 + x_3 - x_4 = 1 \\ 2x_1 - 2x_2 - x_3 + x_4 = -1 \end{cases}$

22. 将下列矩阵进行 LU 分解.

(1) $A = \begin{bmatrix} 1 & 2 & 3 \\ 1 & 12 & 7 \\ 4 & 5 & 6 \end{bmatrix}$

(2) $B = \begin{bmatrix} 0 & 2 & 4 & 1 \\ 2 & 8 & 6 & 4 \\ 3 & 10 & 8 & 8 \\ 4 & 12 & 10 & 6 \end{bmatrix}$

23. 通过矩阵 LU 分解求解矩阵方程 $AX = b$，其中

$$A = \begin{bmatrix} 1 & 0 & 2 & 0 \\ 0 & 1 & 0 & 1 \\ 1 & 2 & 4 & 3 \\ 0 & 1 & 0 & 3 \end{bmatrix}, \qquad b = \begin{bmatrix} 1 \\ 2 \\ -1 \\ 5 \end{bmatrix}$$

24. 将下列矩阵进行正交分解：

(1) $\begin{bmatrix} 7 & 2 & 3 \\ 1 & -5 & 3 \\ 3 & 4 & 5 \end{bmatrix}$

(2) $\begin{bmatrix} 1 & 2 & 3 \\ 1 & 2 & 3 \\ 3 & 4 & 5 \end{bmatrix}$

25. 用 QR 方法求解下列方程组，然后用其他方法验证解的正确性.

(1) $\begin{cases} 5x_1+4x_2+5x_3=1 \\ 7x_1+8x_2+9x_3=2 \\ 12x_1+3x_2+8x_3=3 \end{cases}$ (2) $\begin{cases} 3x_1+4x_2+5x_3=4 \\ 7x_1+8x_2+9x_3=2 \\ 12x_1+3x_2+8x_3=3 \end{cases}$

26. 将下列矩阵进行 Cholesky 分解：

(1) $\begin{bmatrix} 1 & -1 & 2 & 1 \\ -1 & 3 & 0 & -3 \\ 2 & 0 & 9 & -6 \\ 1 & -3 & -6 & 19 \end{bmatrix}$ (2) $\begin{bmatrix} \dfrac{1}{\sqrt{2}} & -\dfrac{1}{\sqrt{2}} & 0 & 0 \\ -\dfrac{1}{\sqrt{2}} & \dfrac{1}{\sqrt{2}} & 0 & 0 \\ 0 & 0 & \dfrac{1}{\sqrt{2}} & -\dfrac{1}{\sqrt{2}} \\ 0 & 0 & -\dfrac{1}{\sqrt{2}} & \dfrac{1}{\sqrt{2}} \end{bmatrix}$

27. 分别用雅可比迭代法和高斯－塞德尔迭代法计算下列方程组，初值均取 $\boldsymbol{x}^{(0)}=(1,\ 1,\ 1)^{\mathrm{T}}$，比较其计算结果，并分析其收敛性.

(1) $\begin{cases} x_1-9x_2-10x_3=1 \\ -9x_1+x_2+5x_3=0 \\ 8x_1+7x_2+x_3=4 \end{cases}$ (2) $\begin{cases} 5x_1-x_2-3x_3=-1 \\ -x_1+2x_2+4x_3=0 \\ -3x_1+4x_2+15x_3=4 \end{cases}$

多项式及其相关运算

多项式是一种应用广泛的代数表达式. 一般地, 次数不超过 $n \in \mathbf{N}$ 次的一元多项式可用 $p_n(x)$ 表示, 即

$$p_n(x) = a_n x^n + a_{n-1} x^{n-1} + a_{n-2} x^{n-2} + \cdots + a_1 x + a_0$$

其中 $a_i (i = 0, 1, \cdots, n-1, n)$ 为常数且 $a_n \neq 0$. 本章将介绍 MATLAB 中关于多项式的相关知识, 包括多项式的定义、表示、常用运算及数据拟合的基本方法.

6.1 多项式的构造

若 $f(x)$ 为一 n 次一元多项式, 则

$$f(x) = a_n x^n + a_{n-1} x^{n-1} + \cdots + a_1 x + a_0$$

在 MATLAB 中, 使用行向量来表示多项式的系数, 并按自变量 x 的幂次由高到低的顺序排列出其相应的系数. 如多项式 $f(x) = a_n x^n + a_{n-1} x^{n-1} + \cdots + a_1 x + a_0$ 的系数向量 $\boldsymbol{p}$ 为: $\begin{bmatrix} a_n & a_{n-1} \cdots a_1 & a_0 \end{bmatrix}$. 若缺项, 则其对应项的系数用 0 补齐. 将多项式的行向量转化为相应的一般多项式的命令形式如下:

poly2str(p, 'x') 将表示多项式系数的行向量 p 转换为变量是 x 的多项式的一般表达式.

例 6-1 输出多项式 $f(x) = x^4 + 5x^3 - 3x + 1$ 的一般表达式.

解 MATLAB 命令为:

```
p = [1 5 0 - 3 1];
f = poly2str(p,'x')
f =
    x^4 + 5x^3 - 3x + 1
```

例 6-2 写出矩阵

$$\boldsymbol{A} = \begin{bmatrix} 3 & 0 \\ -1 & 4 \end{bmatrix}$$

的特征多项式.

解 MATLAB 命令为:

```
A = [3,0; - 1,4];
p = poly(A);
f = poly2str(p,'x')
f =
    x^2 - 7x + 12
```

6.2 多项式的基本运算

多项式的相关运算如表 6-1 所示.

表 6-1 多项式的函数形式及其功能

函数名称	功能简介
conv(p1,p2)	多项式 p1 与 p2 相乘
[q,r] = deconv(p1,p2)	多项式 p1 除以多项式 p2
poly(A)	求方阵 A 的特征多项式或求 A 指定根对应的多项式
polyder(p)	对多项式 p 求导
polyder(p1,p2)	对多项式 p1 和 p2 的乘积进行求导
polyfit(x,y,n)	多项式数据拟合
polyval(p,X)	按数组规则计算 X 处多项式的值
polyvalm(p,X)	按矩阵规则计算 X 处多项式的值

1. 求多项式的根

命令形式如下:

r＝roots(p)　　求多项式 p（用系数行向量表示）的根.

例 6-3　　求多项式 $f(x)=x^3-6x^2-72x-27$ 的根.

　　解　　MATLAB 命令为:

```
p = [1 - 6 - 72 - 27];
r = roots(p)
r =
     12.1229
    - 5.7345
    - 0.3884
```

2. 求多项式在某处的值

命令形式如下:

y＝polyval(p, x)　　计算多项式 p 在变量为 x 处所对应的数值 y，x 可以是向量也可以是矩阵.

例 6-4　　求多项式 $f(x)=3x^2+2x+1$ 在 $x=-1,0,1,3$ 时的值.

　　解　　MATLAB 命令为:

```
p = [3,2,1];x = [ - 1,0,1,3];
y = polyval(p,x)
y =
      2    1    6    34
```

例 6-5　　随机产生一个 3 阶方阵，并求出多项式 $f(x)=4x^2-3x+1$ 在此方阵处的值.

　　解　　MATLAB 命令为:

```
p = [4, - 3,1];
X = rand(3)
```

```
     X =
           0.9501      0.4860      0.4565
           0.2311      0.8913      0.0185
           0.6068      0.7621      0.8214
     Y = polyval(p,X)
     Y =
           1.7606      0.4868      0.4640
           0.5203      1.5038      0.9459
           0.6525      1.0369      1.2346
```

3. 多项式加减法

多项式的加减法是多项式系数行向量之间的运算（要满足矩阵加减法的运算法则），若两个行向量的阶数相同，则直接进行加减；若阶数不同，则需要首零填补，使之具有和高阶多项式一样的阶数，计算结果仍是表示多项式系数的行向量.

例 6-6　已知两个多项式 $f_1(x) = 7x^2 + 3$，$f_2(x) = -9x + 1$，求其和与差.

　　解　MATLAB 命令为：

```
p1 = [7 0 3];p2 = [0 - 9 1];
ph = p1 + p2;
poly2str(ph,'x')
ans =
   7x^2 - 9x + 4


pc = p1 - p2;
poly2str(pc,'x')
ans =
   7x^2 + 9x + 2
```

4. 多项式乘法

命令形式如下：

c＝conv(u，v)　求多项式 u 与多项式 v 的乘积多项式，其系数放入行向量 c 中.

例 6-7　求多项式 $f_1(x) = 2x^2 + 4x + 3$ 与 $f_2(x) = x^2 - 2x + 1$ 的积.

　　解　MATLAB 命令为：

```
p1 = [2,4,3];p2 = [1, - 2,1];
pj = conv(p1,p2);
poly2str(pj,'x')
ans =
   2x^4 - 3x^2 - 2x + 3
```

5. 多项式除法

命令形式如下：

[q，r]＝deconv(v，u)　做多项式 v 除以 u 的运算，计算结果的商为 q，余子式为 r.

例 6-8　求多项式 $f_1(x) = 2x^4 - 3x^2 - 2x + 3$ 与 $f_2(x) = x^2 + 2x + 1$ 的商及余子式.

　　解　MATLAB 命令为：

```
p1 = [2 0 - 3 - 2 3];p2 = [1 2 1];
[ps,pr] = deconv(p1,p2)
ps =
        2      - 4      3
pr =
        0      0      0      - 4      0

PS = poly2str(ps,'x')
PS =
    2x^2 - 4x + 3

PR = poly2str(pr,'x')
PR =
    - 4x
```

分析　由运行结果可以看出，以上两个多项式的商为 $PS=2x^2-4x+3$，余子式为 $PR=-4x$. 可以用本例验证乘法命令 conv(u,v) 与除法命令 deconv(v,u) 是互逆的，代码如下：

```
conv(p2,ps) + pr


ans =

        2        0        - 3        - 2        3
```

6. 对多项式求导

命令形式如下：

p＝polyder(u)　对多项式 u 求导，其中 u 为要求导的多项式的系数向量.

例 6-9　求多项式 $f(x)=x^4+3x^2+2x+5$ 的导数.

解　MATLAB 命令为：

```
a = [1  0  3  2  5];
    p = polyder(a);
    fd = poly2str(p,'x')
fd =
    4x^3 + 6x + 2
```

7. 对多项式的乘积进行求导

命令形式如下：

p＝polyder(p1，p2)　对多项式 $p1$ 与 $p2$ 的乘积进行求导，其中 $p1$ 与 $p2$ 分别为两个多项式的系数向量.

例 6-10　求多项式 $2x^3+3x^2+1$ 与 x^2-x+2 的乘积的导数.

解　MATLAB 命令为：

```
p1 = [2  3  0  1];
p2 = [1  -1  2];
p = polyder(p1,p2);
pd = poly2str(p,'x')
```

```
pd =
    10x^4 + 4x^3 + 3x^2 + 14x − 1
```

6.3 有理多项式的运算

两个多项式相除构成有理函数，它的一般形式为：

$$\frac{P(x)}{Q(x)} = \frac{a_0 x^n + a_1 x^{n-1} + \cdots + a_{n-1} x + a_n}{b_0 x^m + b_1 x^{m-1} + \cdots + b_{m-1} x + b_m}$$

1. 对有理分式（p1/p2）求导数

命令形式如下：

[**Num，Den**]=**polyder**(**p1，p2**) $p1$ 是有理分式的分子，$p2$ 是有理分式的分母，Num 是导数的分子，Den 是导数的分母.

例 6-11   求多项式 $x^5 + 2x^4 - x^3 + 3x^2 + 4$ 除以 $x^3 + 2x^2 + x - 2$ 的导数.

解   MATLAB 命令为：

```
p1 = [1  2  −1  3  0  4];
p2 = [1  2  1  −2];
[num den] = polyder(p1,p2);
f1 = poly2str(num,'x')
f1 =
    2x^7 + 8x^6 + 12x^5 − 9x^4 − 18x^3 − 3x^2 − 28x − 4
f2 = poly2str(den,'x')
f2 =
    x^6 + 4x^5 + 6x^4 − 7x^2 − 4x + 4
```

2. 部分分式展开

命令形式如下：

[**r，p，k**]=**residue**(**a，b**)   其中 a、b 分别是分子、分母多项式的系数向量；r、p、k 分别是留数、极点和直项.

例 6-12   对有理多项式 $\dfrac{3x^4 + 2x^3 + 5x^2 + 4x + 6}{x^5 + 3x^4 + 4x^3 + 2x^2 + 7x + 2}$ 进行部分分式展开.

解   MATLAB 命令为：

```
a = [3  2  5  4  6];
b = [1  3  4  2  7  2];
[r,s,k] = residue(a,b)
r =
    1. 1274 + 1. 1513i
    1. 1274 − 1. 1513i
   − 0. 0232 − 0. 0722i
   − 0. 0232 + 0. 0722i
    0. 7916
s =
   − 1. 7680 + 1. 2673i
```

$$-1.7680-1.2673i$$
$$0.4176+1.1130i$$
$$0.4176-1.1130i$$
$$-0.2991$$

```
k =
   []
```

3. 部分分式组合

函数 $[a, b]=residue(r, p, k)$ 为部分分式展开的逆运算，调用该函数即可实现部分分式组合.

6.4　代数式的符号运算

在多项式和有理分式的计算过程中使用符号计算比较简便，常用的运算指令如表 6-2 所示.

表 6-2　符号运算函数的调用格式

指　　　令	功　　　能
p＝factor(s)	p 是对 s 定义的多项式进行因式分解的结果
p＝expand(s)	p 是对 s 定义的多项式进行展开的结果
p＝collect(s)	把 s 中 x 的同幂项系数进行合并
p＝collect(s,v)	把 s 中 v 的同幂项系数进行合并
p＝simple(s)	对 s 进行化简
sn＝subs(s,'old','new'); r＝vpa(sn);	这两条命令实现代数式的求值. 其中 sn 是变量替换后的符号表达式的变量名，s 为替换前符号表达式的变量名，old 为被替换变量，new 为替换变量，r 为最终求得结果

例 6-13　对多项式 $f(x)=2x^4-5x^3-20x^2+20x+48$ 进行因式分解.

解　MATLAB 命令为：
```
s = sym(['2*x^4-5*x^3-20*x^2+20*x+48']);
p = factor(s)
p =
(2*x+3)*(x-2)*(x+2)*(x-4)
```

例 6-14　设多项式 $p=(1+2x-y)^2$，求 p 的展开多项式；并按 y 的同次幂合并形式展开多项式 p.

解　MATLAB 命令为：
```
s = sym(['(1+2*x-y)^2']);
p = expand(s)
p =
    1+4*x-2*y+4*x^2-4*x*y+y^2
p1 = collect(p,'y')
p1 =
    y^2+(-2-4*x)*y+1+4*x+4*x^2
```

例 6-15　化简分式 $(4x^3+12x^2+5x-6)/(2x-1)$，并求出其在 $x=2$ 处的值.

解　MATLAB 命令为：

```
s = sym(['(4*x^3 + 12*x^2 + 5*x - 6)/(2*x - 1)']);
p = simple(s)
p =
 2*x^2 + 7*x + 6
r = subs(s,'x','2');
vpa(r)
ans =
 28.
```

例 6-16 设多项式 $p = (2 + 3x - xy)^2$，按 x 的同次幂合并形式展开多项式 p.

解 MATLAB 命令为：

```
s = sym(['(2 + 3*x - x*y)^2']);
p = expand(s);
p1 = collect(p)
p1 =
 (9 - 6*y + y^2)*x^2 + (12 - 4*y)*x + 4
```

6.5 多项式的拟合

在许多实验中，我们都经常要对一些实验数据（离散的点）进行多项式的拟合，其目的是用一个较简单的函数去逼近一个复杂的或未知的函数，即用一条曲线（多项式）尽可能地靠近离散的点，使其在某种意义下达到最优. 而 MATLAB 曲线拟合的一般方法为最小二乘法，以保证误差最小. 在采用最小二乘法求曲线拟合时，实际上是求一个多项式的系数向量. 其命令形式如下：

P＝polyfit(x，y，n) 运用最小二乘法，求由给定向量 x 和 y 对应的数据点的 n 次多项式拟合函数，p 为所求拟合多项式的系数向量.

例 6-17 现有一组实验数据：x 的取值是从 1 到 2 之间的数，间隔为 0.1，y 的取值为 2.1，3.2，2.1，2.5，3.2，3.5，3.4，4.1，4.7，5.0，4.8. 要求分别用二次、三次和七次拟合曲线来拟合这组数据，观察这三组拟合曲线哪个效果更好？

解 建立 M 文件如下：

```
clf;
x = 1:0.1:2;
y = [2.1,3.2,2.1,2.5,3.2,3.5,3.4,4.1,4.7,5.0,4.8];
p2 = polyfit(x,y,2),          %多项式拟合,阶数是 2,p2 为拟合多项式的系数
p3 = polyfit(x,y,3);
p7 = polyfit(x,y,7);

disp('二阶拟合函数'),f2 = poly2str(p2,'x')
disp('三阶拟合函数'),f3 = poly2str(p3,'x')
disp('七阶拟合函数'),f7 = poly2str(p7,'x')

x1 = 1:0.01:2;
```

```
        y2 = polyval(p2,x1);                % 多项式 p2 在 x1 处的值
        y3 = polyval(p3,x1);
        y7 = polyval(p7,x1);
        plot(x,y,'rp',x1,y2,'- -',x1,y3,'k-.',x1,y7);
        legend('拟合点','二次拟合','三次拟合','七次拟合')
```

运行文件得到结果如下：

二阶拟合函数

f2 =

   $1.3869x^2 - 1.2608x + 2.141$

三阶拟合函数

f3 =

   $-5.1671x^3 + 24.6387x^2 - 35.2187x + 18.2002$

七次拟合函数

f7 = $2865.3128x^7 - 30694.4444x^6 + 139660.1307x^5 - 349771.6503x^4$
   $+ 520586.1271x^3 - 460331.9371x^2 + 223861.6017x - 46173.0375$

各次拟合曲线比较如图 6-1 所示.

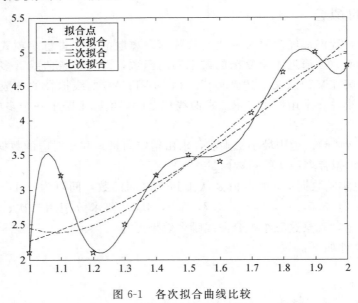

图 6-1　各次拟合曲线比较

分析　从图形上看到，对于此题，阶数越高，拟合程度越好.

例 6-18　汽车司机在行驶过程中发现前方出现突发事件时会紧急刹车，人们把从司机决定刹车到车完全停止这段时间内汽车行驶的距离称为刹车距离. 为了测定刹车距离与车速之间的关系，用同一汽车同一司机在不变的道路和气候下测得以下表中数据. 试由此求刹车距离与车速之间的函数关系并画出曲线，估计其误差.

车速（km/h）	20	40	60	80	100	120	140
刹车距离（m）	6.5	17.8	33.6	57.1	83.4	118	153.5

解 建立 M 文件如下：

```
v = [20 : 20 : 140]/3.6;                    % 将速度转化成米/秒,与刹车距离统一单位
y = [6.5 17.8 33.6 57.1 83.4 118 153.5];
p2 = polyfit(v,y,2);                        % 用阶数为 2 的多项式拟合
disp('二阶拟合 '),f2 = poly2str(p2,'v')

v1 = [20 : 1 : 140]/3.6;
y1 = polyval(p2,v1);

wch = abs(y - polyval(p2,v))./y             % 在拟合点每一点的误差
pjwch = mean(wch)                           % 求平均误差(此处求的是算数平均值)
minwch = min(wch)                           % 最小误差
maxwch = max(wch)                           % 最大误差
plot(v,y,'rp',v1,y1)
legend('拟合点 ','二次拟合 ')
```

运行文件得到结果如下：

```
二阶拟合函数
f2 =
    0.085089 v^2 + 0.66171 v - 0.1
wch =
    0.0458    0.0024    0.0287    0.0083    0.0064    0.0127    0.0053
pjwch =
    0.0157
minwch =
    0.0024
maxwch =
    0.0458
```

刹车距离与车速的拟合曲线如图 6-2 所示.

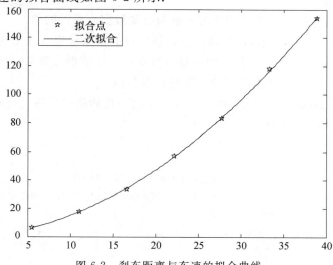

图 6-2 刹车距离与车速的拟合曲线

分析 由平均误差、最大误差、最小误差及图形看出，拟合效果较好，拟合结果 f2 = 0.085089 v^2 + 0.66171 v - 0.1 可以作为估测刹车距离与车速之间的一个函数关系.

6.6 多项式插值

在实际中通常得到的数据是离散的，如果想得到这些点之外其他点的数据，就要根据这些已知的数据进行估算，即插值. 插值的任务是根据已知点的信息构造一个近似的函数. 最简单的插值法是多项式插值. 插值和拟合有相同的地方，都是要寻找一条"光滑"的曲线将已知的数据点连贯起来，其不同之处是：拟合点曲线不要求一定通过数据点，而插值的曲线要求必须通过数据点.

MATLAB 中常用的插值函数如表 6-3 所示.

表 6-3　MATLAB 中常用的插值函数

函 数 名	功　　能	函 数 名	功　　能
Interp1	一维插值	Interpn	高维插值
Interp2	二维插值	spline	样条插值
Interp3	三维插值	griddata	生成数据栅格
Interpft	一维快速傅里叶插值		

6.6.1　一维多项式插值

一维多项式插值的命令格式如下：

yi＝interp1(x，y，xi，method) 已知同维数据点 x 和 y，运用 method 指定的方法（要在单引号之间写入）计算插值点 xi 处的数值 yi. 当输入的 x 是等间距时，可在插值方法 method 前加一个 *，以提高处理速度.

其中 method 的方法主要有 4 种：

- nearest：最近点插值，通过四舍五入取与已知数据点最近的值.
- linear：线性插值，用直线连接数据点，插值点的值取对应直线上的值.
- spline：样条插值，用三次样条曲线通过数据点，插值点的值取对应曲线上的值.
- cubic：立方插值，用三次曲线拟合并通过数据点.

例 6-19　用以上 4 种方法对 $y＝\cos x$ 在 [0，6] 上的一维插值效果进行比较.

解 建立 M 文件 exam3-11：

```
x = 0:6;
y = cos(x);
xi = 0:.25:6;                      % 在两个数据点之间插入 3 个点
yi1 = interp1(x,y,xi,'*nearest');  % 注意:方法写在单引号之内,等间距时可在前加 *
yi2 = interp1(x,y,xi,'*linear');
yi3 = interp1(x,y,xi,'*spline');
yi4 = interp1(x,y,xi,'*cubic');
plot(x,y,'ro',xi,yi1,'--',xi,yi2,'-',xi,yi3,'k.-',xi,yi4,'m:')
```

legend('原始数据','最近点插值','线性插值','样条插值','立方插值')

运行以上程序得到图形如图 6-3 所示.

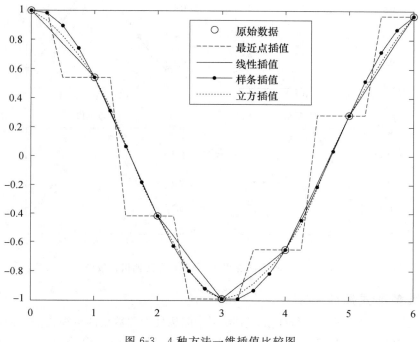

图 6-3　4 种方法一维插值比较图

从图 6-3 可以看出，在本例中，样条插值效果最好，之后是立方插值、线性插值，效果最差点是最近点插值.

例 6-20　用以上 4 种方法对函数 $y = \dfrac{1}{2+x^2}(x \in [-2，2])$ 选用 11 个数据点进行插值并画图比较结果.

解　建立 M 文件 exam3-12：

```
x = -2:4/(11-1):2,y = 1./(2+x.^2),        %选取等间距的 11 个数据点
x1 = -2:0.1:2;
y1 = interp1(x,y,x1,'nearest');           %注意:方法写在单引号之内,等间距时可在前加 *
y2 = interp1(x,y,x1,'linear');
y3 = interp1(x,y,x1,'spline');
y4 = interp1(x,y,x1,'cubic');
subplot(2,2,1),plot(x,y,'rp',x1,y1),title('nearest')
subplot(2,2,2),plot(x,y,'rp',x1,y2),title('linear')
subplot(2,2,3),plot(x,y,'rp',x1,y3),title('spline')
subplot(2,2,4),plot(x,y,'rp',x1,y4),title('cubic')
```

运行以上程序得到图形如图 6-4 所示.

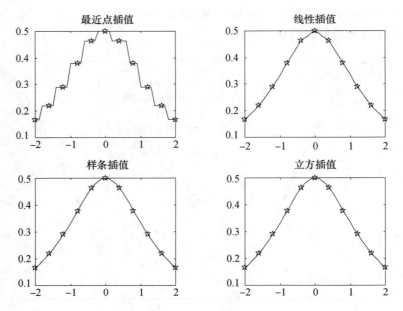

图 6-4　4 种方法选用 11 个数据点的插值比较图

6.6.2　二维多项式插值

二维多项式插值是对曲面进行插值，主要用于图像处理与数据的可视化．其命令格式如下：

Zi＝interp2(X，Y，Z，Xi，Yi，method)　已知同维数据点 X，Y 和 Z，运用 method 指定的方法（要在单引号之间写入），计算自变量插值点（Xi，Yi）处的函数值 Zi．Method 指定的方法同一维多项式插值．

例 6-21　用以上 4 种方法对 $z＝xe^{-(x^2+y^2)}$ 在（－2，2）上的二维多项式插值效果进行比较．

解　建立 M 文件 exam3-13：

```
[X,Y] = meshgrid(-2:.5:2);
Z = X.*exp(-X.^2-Y.^2);                    %给出数据点


[X1,Y1] = meshgrid(-2:0.1:2);
Z1 = X1.*exp(-X1.^2-Y1.^2);


figure(1)                                  %在图形窗口 1 绘制原始数据曲面图及函数图像
subplot(1,2,1),mesh(X,Y,Z),title('数据点')
subplot(1,2,2),mesh(X1,Y1,Z1),title('函数图像')


[Xi,Yi] = meshgrid(-2:0.125:2);            %确定插值点
Zi1 = interp2(X,Y,Z,Xi,Yi,'*nearest');
Zi2 = interp2(X,Y,Z,Xi,Yi,'*linear');
Zi3 = interp2(X,Y,Z,Xi,Yi,'*spline');
Zi4 = interp2(X,Y,Z,Xi,Yi,'*cubic');
```

```
figure(2)                              % 打开另一个图形窗口,绘制使用 4 种方法得到的图形
subplot(2,2,1),mesh(Xi,Yi,Zi1),title('最近点插值')
subplot(2,2,2),mesh(Xi,Yi,Zi2),title('线性插值')
subplot(2,2,3),mesh(Xi,Yi,Zi3),title('样条插值')
subplot(2,2,4),mesh(Xi,Yi,Zi4),title('立方插值')
```

运行以上程序在图形窗口 1 得到原始数据及函数图形如图 6-5 所示.

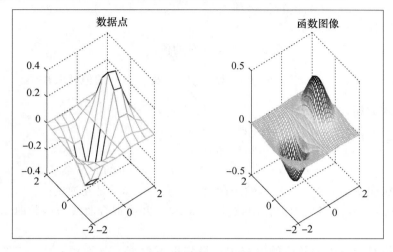

图 6-5　原始数据及函数图形

图形窗口 2 中是使用 4 种方法得到的 4 个子图形，如图 6-6 所示.

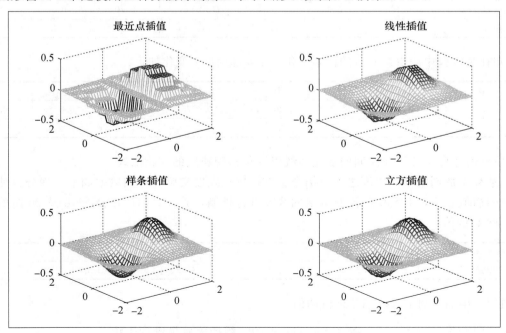

图 6-6　4 种方法得到的二维插值图形

　　从图 6-6 中可以看到，样条插值法和立方插值法所得图形效果较好，这两种方法是广泛应用的方法，其他两种效果不佳，实际较少应用.

 习题

1. 写出矩阵 $A=\begin{bmatrix} 1 & 0 & -1 \\ 1 & 2 & 3 \\ 0 & 1 & 2 \end{bmatrix}$ 的特征多项式.

2. 求多项式 $f(x)=2x^2+5x+1$ 在 $x=-1$，5 时的值.

3. 若多项式 $f(x)=4x^2-3x+1$，求 $f(-3)$，$f(7)$ 及 $f(A)$ 的值，其中 $A=\begin{bmatrix} 1 & 2 \\ -2 & 3 \end{bmatrix}$.

4. 求下列多项式的和、差、积：
   (1) $f_1(x)=4x^3-x+3$，$f_2(x)=5x^2-2x-1$.
   (2) $f_1(x)=x^2+4x+5$，$f_2(x)=2x^2-5x+3$.

5. 求多项式 $f_1(x)=8x^4+6x^3-x+4$ 与 $f_2(x)=2x^2-x-1$ 的商及余子式.

6. 举例验证乘法命令 conv(u，v) 与除法命令 deconv(v，u) 是互逆的.

7. 分别用 2、3、4、6 阶多项式拟合函数 $y=\cos(x)$，并将拟合曲线与函数曲线 $y=\cos(x)$ 进行比较.

8. 在钢线碳含量对于电阻的效应的研究中，得到以下数据. 分别用一次、三次、五次多项式拟合曲线来拟合这组数据并画出图形.

碳含量 x	0.10	0.30	0.40	0.55	0.70	0.80	0.95
电阻 y	15	18	19	21	22.6	23.8	26

9. 已知在某实验中测得某质点的位移 s 和速度 v 随时间 t 变化如下：

t	0	0.5	1.0	1.5	2.0	2.5	3.0
v	0	0.4794	0.8415	0.9975	0.9093	0.5985	0.1411
s	1	1.5	2	2.5	3	3.5	4

　　求质点的速度与位移随时间的变化曲线以及位移随速度的变化曲线.

10. 在某种添加剂的不同浓度之下对铝合金进行抗拉强度实验，得到数据如下，现分别使用不同的插值方法，对其中间没有测量的浓度进行推测，并估算出浓度 $X=18$ 及 26 时的抗压强度 Y 的值.

浓度 X	10	15	20	25	30
抗压强度 Y	25.2	29.8	31.2	31.7	29.4

11. 利用二维插值对 peaks 函数进行插值.

12. 用不同方法对 $z=\dfrac{x^2}{16}-\dfrac{y^2}{9}$ 在 $(-3，3)$ 上的二维插值效果进行比较.

高等数学相关运算

第**7**章

7.1 求极限

7.1.1 理解极限概念

数列 $\{x_n\}$ 收敛或有极限是指当 n 无限增大时，x_n 与某常数无限接近，就图形而言，也就是其点列以某一平行于 y 轴的直线为渐近线．

例 7-1 作图观察数列 $\left\{\dfrac{n+(-1)^{n-1}}{n}\right\}$ 当 $n \to \infty$ 时的变化趋势．

解 MATLAB 命令为：

```
n = 1 : 100;
xn = (n + ( - 1). ^(n - 1))./n;
```

得到该数列的前 100 项，画出 x_n 的图形，MATLAB 命令为：

```
for i = 1 : 100
    plot(n(i),xn(i),'m.')
    hold on
end
```

其中 for-end 语句是循环语句，循环体内的语句被执行 100 次，n(i) 表示 n 的第 i 个分量．运行结果如图 7-1 所示．

由图 7-1 可以看出，随着 n 的增大，点列与直线 $y=1$ 无限接近，因此可得结论：

$$\lim_{n \to \infty} \frac{n+(-1)^{n-1}}{n} = 1$$

对于函数的极限概念，我们也可用上述方法来理解．

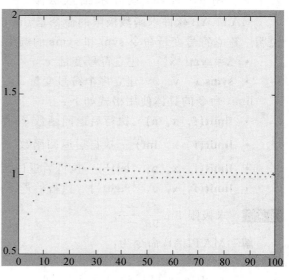

图 7-1 数列的散点图

例 7-2 作图观察函数 $f(x) = x\sin\dfrac{1}{x}$ 当 $x \to 0$ 时的变化趋势．

解 绘出函数 $f(x)$ 在 $[-3, 3]$ 上的图形，MATLAB 命令为：

```
x = - 3 : 0.01 : 3;
```

```
y = x. * sin(1./x);
plot(x,y)
```

运行结果如图 7-2 所示.

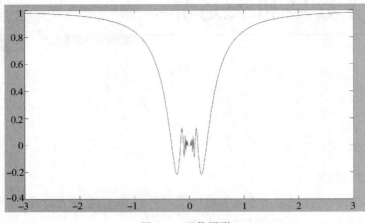

图 7-2　函数图形

从图 7-2 可以看出，$f(x)=x\sin\dfrac{1}{x}$ 随着 $|x|$ 的减小，振幅越来越小，趋近于 0.

7.1.2　用 MATLAB 软件求函数极限

MATLAB 软件求函数极限的命令是 limit，使用该命令前要用 syms 命令做相关符号变量说明．建立符号变量命令 sym 和 syms 的调用格式如下：

- **x＝sym('x')** 　建立符号变量 x.
- **syms x　y　z** 　建立多个符号变量 x，y，z，注意各符号变量之间必须用空格隔开.

limit 命令的具体使用格式如下：

- **limit(f, x, a)** 　执行后返回函数 f 在符号变量 x 趋于 a 时的极限 $\lim\limits_{x\to a}f$.
- **limit(f, x, inf)** 　执行后返回函数 f 在符号变量 x 趋于无穷大时的极限限 $\lim\limits_{x\to\infty}f$.
- **limit(f, x, a, 'left')** 　执行后返回函数 f 在符号变量 x 趋于 a 时的左极限.
- **limit(f, x, a, 'right')** 　执行后返回函数 f 在符号变量 x 趋于 a 时的右极限.

例 7-3 　求极限 $\lim\limits_{n\to\infty}\dfrac{4n^3+1}{9n^3-1}$.

解 　MATLAB 命令为：

```
syms n
limit((4 * n^3 + 1)/(9 * n^3 - 1),n,inf)
```

运行结果为：

```
ans =
 4/9
```

例 7-4 　求极限 $\lim\limits_{x\to 0}\dfrac{\sqrt{1+\tan x}-\sqrt{1+\sin x}}{x\sin^2 x}$.

解 　MATLAB 命令为：

```
syms x
limit((sqrt(1 + tan(x)) - sqrt(1 + sin(x)))/(x * sin(x)^2),x,0)
```

运行结果为：

```
ans =
  1/4
```

例 7-5　求极限 $\lim\limits_{x \to \infty}\left[1 + \dfrac{1}{x}\right]^x$.

　　解　MATLAB 命令为：

```
syms x
limit((1 + 1/x)^x,x,inf)
```

运行结果为：

```
ans =
    exp(1)
```

即 $\lim\limits_{x \to \infty}\left(1 + \dfrac{1}{x}\right)^x = \mathrm{e}$.

例 7-6　求单侧极限 $\lim\limits_{x \to 1^+}\dfrac{1}{1 - \mathrm{e}^{\frac{x}{1-x}}}$，$\lim\limits_{x \to 1^-}\dfrac{1}{1 - \mathrm{e}^{\frac{x}{1-x}}}$.

　　解　MATLAB 命令为：

```
clear
syms x
limit(1/(1 - exp(x/(1 - x))),x,1,'right')
```

运行结果为：

```
ans =
   1
```

MATLAB 命令为：

```
limit(1/(1 - exp(x/(1 - x))),x,1,'left')
```

运行结果为：

```
ans =
   0
```

即 $\lim\limits_{x \to 1^+}\dfrac{1}{1 - \mathrm{e}^{\frac{x}{1-x}}} = 1$，$\lim\limits_{x \to 1^-}\dfrac{1}{1 - \mathrm{e}^{\frac{x}{1-x}}} = 0$.

例 7-7　求极限 $\lim\limits_{x \to 0}\dfrac{1}{x}\sin\dfrac{1}{x}$.

　　解　先画图观察极限情况，编写程序如下：

```
rx = 0.01 : - 0.0002 : 0.0001;
ry = 1. /rx. * sin(1. /rx);
lx = - 0.01 : 0.0002 : - 0.0001;
ly = 1. /lx. * sin(1. /lx);
plot(rx,ry,lx,ly)
```

运行结果如图 7-3 所示.

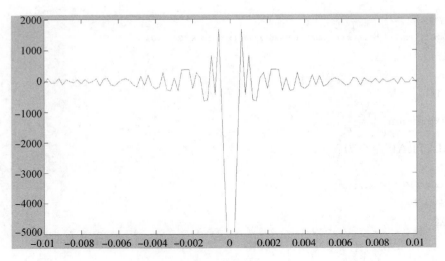

图 7-3   函数图形

从图 7-3 可以看出，在 x 逐渐趋于 0 的过程中，$\dfrac{1}{x}\sin\dfrac{1}{x}$ 趋向无穷，极限不存在.

MATLAB 命令为：

```
syms x
limit(1/x * sin(1/x),x,0)
```

运行结果为：

```
ans =
    NaN
```

例 7-8   求极限 $\lim\limits_{x \to 0} x \sin \dfrac{1}{x}$.

解   MATLAB 命令为：

```
syms x
limit(x * sin(1/x),x,0)
```

运行结果为：

```
ans =
    0
```

7.2   求导数

7.2.1   导数概念

设函数 $y = f(x)$ 在 x_0 附近有定义，对应于自变量的任一改变量 Δx，函数的改变量为 $\Delta y = f(x_0 + \Delta x) - f(x_0)$. 此时，如果极限

$$\lim_{\Delta x \to 0} \frac{\Delta y}{\Delta x} = \lim_{x \to 0} \frac{f(x_0 + \Delta x) - f(x_0)}{\Delta x}$$

存在，则此极限值就称为函数 $f(x)$ 在点 x_0 的导数，记作 $f'(x_0)$（或 y'，或 $\dfrac{\mathrm{d}y}{\mathrm{d}x}$，或 $\dfrac{\mathrm{d}f}{\mathrm{d}x}$），这时我们就称 $f(x)$ 在点 x_0 处的导数存在，或者说，$f(x)$ 在点 x_0 可导.

1. 函数在某点处的导数是一个极限值

例 7-9　设 $f(x)=\sin x-x^3$，用导数的定义计算 $f'(0)$.

分析　$f(x)$ 在某一点 x_0 的导数定义为极限 $\lim\limits_{\Delta x\to 0}\dfrac{f(x_0+\Delta x)-f(x_0)}{\Delta x}$.

解　记 $h=\Delta x$，MATLAB 命令为：

```
syms h
limit((sin(0 + h) - (0 + h)^3 - sin(0) + 0^3)/h,h,0)
```

运行结果为：

```
ans =
    1
```

2. 导数的几何意义是曲线的切线斜率

例 7-10　画出 $f(x)=x^2$ 在 $x=1$ 处的切线及若干条割线，观察割线的变化趋势.

分析　记点 $P(1,1)$，在曲线 $y=x^2$ 上另取一点 $N(a,a^2)$ 则 PN 的方程是 $\dfrac{y-1}{x-1}=\dfrac{a^2-1}{a-1}$，即 $y=(a+1)x-a$.

解　取 $a=4$，3，2，1.5，1.1 分别作出几条割线. MATLAB 命令为：

```
a = [4,3,2,1.5,1.1];
s = (a.^2 - 1)./(a - 1);
x = 0 : 0.1 : 5;
plot(x,x.^2,'r',x,2 * x - 1)        %作出 y = x^2 和 y = x^2 在 x = 1 处的切线 y = 2 * x - 1
hold on
for i = 1 : 5
    plot(a(i),a(i)^2,'r * ')        %画出 * 号
    plot(x,s(i) * (x - 1) + 1)
end
```

运行结果如图 7-4 所示.

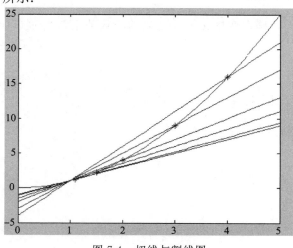

图 7-4　切线与割线图

7.2.2 用 MATLAB 软件求函数导数

MATLAB 软件求函数导数的命令是 diff，其调用格式如下：

- **diff(f(x))** 求函数 $f(x)$ 的一阶导数 $f'(x)$.
- **diff(f(x), n)** 求函数 $f(x)$ 的 n 阶导数 $f^{(n)}(x)$（n 是具体整数）.
- **diff(f(x, y), x)** 求函数 $f(x, y)$ 对变量 x 的偏导数 $\dfrac{\partial f}{\partial x}$.
- **diff(f(x, y), x, n)** 求函数 $f(x, y)$ 对变量 x 的 n 阶偏导数 $\dfrac{\partial^n f}{\partial x^n}$.
- **jacobian([函数 f(x, y, z)，函数 g(x, y, z)，函数 h(x, y, z)]，[x, y, z])** 求雅可比矩阵，此命令给出矩阵：

$$\begin{bmatrix} \dfrac{\partial f}{\partial x} & \dfrac{\partial f}{\partial y} & \dfrac{\partial f}{\partial z} \\[2mm] \dfrac{\partial g}{\partial x} & \dfrac{\partial g}{\partial y} & \dfrac{\partial g}{\partial z} \\[2mm] \dfrac{\partial h}{\partial x} & \dfrac{\partial h}{\partial y} & \dfrac{\partial h}{\partial z} \end{bmatrix}$$

例 7-11 求函数 $y = \dfrac{x^2}{\sqrt[3]{x^2 - a^2}}$ 的导数.

解 MATLAB 命令为：

```
syms x a
f = x^2/(x^2 - a^2)^(1/3);
diff(f,x)
```

运行结果为：

```
ans =
    2 * x/(x^2 - a^2)^(1/3) - 2/3 * x^3/(x^2 - a^2)^(4/3)
```

1. 参数方程所确定的函数的导数

设参数方程 $\begin{cases} x = \varphi(t) \\ y = \psi(t) \end{cases}$，确定变量 x 与 y 之间的函数关系，当 $\varphi'(t) \neq 0$ 时，y 关于 x 的导数 $\dfrac{\mathrm{d}y}{\mathrm{d}x} = \dfrac{\psi'(t)}{\varphi'(t)}$.

例 7-12 设 $\begin{cases} x = 2\mathrm{e}^t + 1 \\ y = \mathrm{e}^{-t} - 1 \end{cases}$，求 $\dfrac{\mathrm{d}y}{\mathrm{d}x}$.

解 MATLAB 命令为：

```
t = sym('t')
dx_dt = diff(2 * exp(t) + 1);
dy_dt = diff(exp( - t) - 1);
pretty(dy_dt/dx_dt)
```

运行结果如下：

```
t =
  t
```

$$-1/2 \ \frac{\exp(-t)}{\exp(t)}$$

即 $\dfrac{\mathrm{d}y}{\mathrm{d}x} = -\dfrac{\mathrm{e}^{-t}}{2\mathrm{e}^{t}}$.

2. 求多元函数的偏导数

例 7-13　$z=(1+xy)^{y}$，求 $\dfrac{\partial z}{\partial x}$，$\dfrac{\partial z}{\partial y}$.

解　MATLAB 命令为：

```
syms x y
z = (1 + x * y)^y;
diff(z,x)
diff(z,y)
```

运行结果如下：

```
ans =
(1 + x * y)^y * y^2/(1 + x * y)
ans =
(1 + x * y)^y * (log(1 + x * y) + y * x/(1 + x * y))
```

例 7-14　设 $f(x, y, z)=x^{2}+2y^{2}+3z^{2}+xy+3x-2y-6z$，求 $f(x, y, z)$ 在点 $(0, 0, 0)$ 的梯度.

分析　梯度 $\mathrm{grad}\, f(x, y, z)=f_{x}\vec{i}+f_{y}\vec{j}+f_{z}\vec{k}$.

解　先求函数 $f(x, y, z)$ 分别关于变量 x, y, z 的偏导数：

```
syms x y z
f = x^2 + 2 * y^2 + 3 * z^2 + x * y + 3 * x - 2 * y - 6 * z;
p = jacobian(f,[x,y,z])
```

运行结果如下：

```
p =
[2 * x + y + 3,  4 * y + x - 2,  6 * z - 6]
```

易知，

$$f_{x}=2x+y+3, f_{y}=4y+x-2, f_{z}=6z-6$$

再求 $f(x, y, z)$ 在点 $(0, 0, 0)$ 的梯度 $\mathrm{grad}\, f(0, 0, 0)$：

```
syms x y z i j k
x = 0;y = 0;z = 0;
f_x = 2 * x + y + 3;
f_y = 4 * y + x - 2;
f_z = 6 * z - 6;
grad1 = f_x * i + f_y * j + f_z * k
```

运行结果如下：

```
grad1 =
 3 * i - 2 * j - 6 * k
```

所以，$f(x, y, z)$ 在点 $(0, 0, 0)$ 的梯度 $\mathrm{grad}\, f(0, 0, 0)=3\vec{i}-2\vec{j}-6\vec{k}$.

3. 求高阶导数或高阶偏导数

例 7-15   已知 $y = e^{5x} \cos(1 - x^2)$，求 y'，$y^{(4)}$.

解   MATLAB 命令为：

```
x = sym('x')
f = exp(5 * x) * cos(1 - x^2);
diff(f,x)
diff(f,x,4)
```

运行结果为：

```
x =
 x
ans =
 5 * exp(5 * x) * cos( - 1 + x^2) - 2 * exp(5 * x) * sin( - 1 + x^2) * x
ans =
613 * exp(5 * x) * cos( - 1 + x^2) - 1000 * exp(5 * x) * sin( - 1 + x^2) * x - 600 * exp(5 * x) * cos( - 1 + x^
^2 - 300 * exp(5 * x) * sin( - 1 + x^2) + 160 * exp(5 * x) * sin( - 1 + x^2) * x^3 - 240 * exp(5 * x) * cos( - 1 + x^
2) * x + 16 * exp(5 * x) * cos( - 1 + x^2) * x^4 + 48 * exp(5 * x) * sin( - 1 + x^2) * x^2
```

例 7-16   设 $f(x) = x^5 \cos x$，求 $f^{(50)}(x)$.

解   MATLAB 命令为：

```
x = sym('x')
diff(x^5 * cos(x),50)
```

运行结果如下：

```
x =
x
 ans =
 - 254251200 * sin(x) - 27636000 * x * cos(x) + 1176000 * x^2 * sin(x) + 24500 * x^3 * cos(x) - 250 *
 x^4 * sin(x) - x^5 * cos(x)
```

例 7-17   设 $z = x^9 + 7y^4 - x^5 y^3$，求 $\dfrac{\partial^2 z}{\partial x^2}$，$\dfrac{\partial^2 z}{\partial y^2}$，$\dfrac{\partial^2 z}{\partial x \partial y}$.

解   MATLAB 命令为：

```
syms x y
z = x^9 + 7 * y^4 - x^5 * y^3;
diff(z,x,2)
diff(z,y,2)
diff(diff(z,x),y)
```

运行结果如下：

```
ans =
72 * x^7 - 20 * x^3 * y^3
 ans =
84 * y^2 - 6 * x^5 * y
 ans =
 - 15 * x^4 * y^2
```

计算 $\dfrac{\partial^2 z}{\partial y \partial x}$，比较它们的结果. MATLAB 命令为：

```
diff(diff(z,y),x)
```

运行结果如下：

```
ans =
 - 15 * x^4 * y^2
```

所以，$\dfrac{\partial^2 z}{\partial x \partial y} = \dfrac{\partial^2 z}{\partial y \partial x}$.

例 7-18　已知 $z = \ln(x^3 + y^3) \sin\left(\dfrac{xy}{x-y}\right)$，求 $\dfrac{\partial z}{\partial y}$，$\dfrac{\partial^2 z}{\partial x^2}$，$\dfrac{\partial^2 z}{\partial y \partial x}$.

解　MATLAB 命令为：

```
syms x y
z = log(x^3 + y^3) * sin((x * y)/(x - y));
diff(z,y)
diff(z,x,2)
diff(diff(z,y),x)
```

运行结果为：

```
ans =
3 * y^2/(x^3 + y^3) * sin(x * y/(x - y)) + log(x^3 + y^3) * cos(x * y/(x - y)) * (x/(x - y) + x * y/(x - y)^2)
 ans =
6 * x/(x^3 + y^3) * sin(x * y/(x - y)) - 9 * x^4/(x^3 + y^3)^2 * sin(x * y/(x - y)) + 6 * x^2/(x^3 + y^3) * cos(x
* y/(x - y)) * (y/(x - y) - x * y/(x - y)^2) - log(x^3 + y^3) * sin(x * y/(x - y)) * (y/(x - y) - x * y/(x - y)^2)
^2 + log(x^3 + y^3) * cos(x * y/(x - y)) * ( - 2 * y/(x - y)^2 + 2 * x * y/(x - y)^3)
ans =
 - 9 * y^2/(x^3 + y^3)^2 * sin(x * y/(x - y)) * x^2 + 3 * y^2/(x^3 + y^3) * cos(x * y/(x - y)) * (y/(x - y) - x
* y/(x - y)^2) + 3 * x^2/(x^3 + y^3) * cos(x * y/(x - y)) * (x/(x - y) + x * y/(x - y)^2) - log(x^3 + y^3) *
sin(x * y/(x - y)) * (y/(x - y) - x * y/(x - y)^2) * (x/(x - y) + x * y/(x - y)^2) + log(x^3 + y^3) * cos(x * y/
(x - y)) * (1/(x - y) - x/(x - y)^2 + y/(x - y)^2 - 2 * x * y/(x - y)^3)
```

4. 求隐函数所确定函数的导数

设函数 $F(x, y)$ 在点 $P(x_0, y_0)$ 的某一邻域内具有连续偏导数，且 $F(x_0, y_0) = 0$，$F_y(x_0, y_0) \neq 0$，则方程 $F(x, y) = 0$ 在点 (x_0, y_0) 的某一邻域内恒能唯一确定一个连续且具有连续导数的函数 $y = f(x)$，它满足条件 $y_0 = f(x_0)$，并有 $\dfrac{\mathrm{d}y}{\mathrm{d}x} = -\dfrac{F_x}{F_y}$.

例 7-19　设 $\sin y + \mathrm{e}^x - xy^2 = 0$，求 $\dfrac{\mathrm{d}y}{\mathrm{d}x}$.

解　MATLAB 命令为：

```
syms x y
F = sin(y) + exp(x) - x * y^2;
dF_dx = diff(F,x);
dF_dy = diff(F,y);
pretty( - dF_dx/dF_dy)
```

运行结果如下：

```
                              2
              - exp(x) + y
            ---------------
              cos(y) - 2 x y
```

即 $\dfrac{\mathrm{d}y}{\mathrm{d}x}=\dfrac{-\mathrm{e}^x+y^2}{\cos y-2xy}$.

7.3 极值计算

用 MATLAB 软件求函数极值的命令为 fminbnd，其调用格式如下：

fminbnd(f，x1，x2) 求函数 f 在区间 $[x1，x2]$ 上的极小值点，其中 f 是用来求极值点的函数，可以是函数名，也可以是函数表达式.

例 7-20 求函数 $y=x+\sqrt{1-x}$ 的极值.

解 为了能较容易地找出极值点，先画出该函数的曲线图，MATLAB 命令为：

```
x = - 1 : 0.01 : 1;
y = x + sqrt(1 - x);
plot(x,y)
```

运行结果如图 7-5 所示.

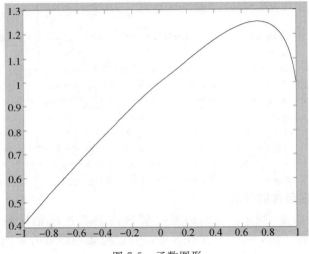

图 7-5　函数图形

从图 7-5 中可以看出，函数有极大值，由于 fminbnd 是求极小值点的，因此必须将函数反号. MATLAB 命令为：

```
f = '- x - sqrt(1 - x)';            % fminbnd 要求函数加引号
fminbnd(f, - 1,1)
```

运行结果为：

```
ans =
    0.7500
```

因此，函数 $y=x+\sqrt{1-x}$ 的极大值点为 $x=\dfrac{3}{4}$. 求极值的 MATLAB 命令为：

```
xmax = fminbnd(f, - 1,1);
x = xmax
maxy = x + sqrt(1 - x)
```

运行结果如下：

```
maxy =
     1.2500
```

例 7-21 求函数 $y = x^3 + x^2 - 5x - 5$ 的极值.

解 方法 1，先作图了解. MATLAB 命令为：

```
x = - 5：0.1：5；
y = x. ^3 + x. ^2 - 5 * x - 5；
plot(x,y)
```

作函数在 $[-5,5]$ 上的图形，如图 7-6 所示.

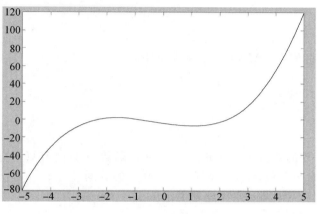

图 7-6 函数图形

从图 7-6 可知，函数 y 在 $[-5,5]$ 上有极大值和极小值. 于是求函数 y 在 $[-5,5]$ 上的极小值点，MATLAB 命令如下：

```
xmin = fminbnd('x. ^3 + x. ^2 - 5 * x - 5', - 5,5)
```

运行结果如下：

```
xmin =
     1.0000
```

求函数 y 在 $[-5,5]$ 上的极小值，MATLAB 命令如下：

```
x = xmin；
miny = x^3 + x^2 - 5 * x - 5
```

运行结果如下：

```
miny =
     - 8
```

因此，函数 y 在 $[-5,5]$ 上的极小值为 -8.

求函数 y 在 $[-5,5]$ 上的极大值点，MATLAB 命令如下：

```
xmax = fminbnd('- (x. ^3 + x. ^2 - 5 * x - 5)', - 5,5)
```

运行结果如下：

```
xmax =
     - 1.6667
```

求函数 y 在 $[-5,5]$ 上的极大值，MATLAB 命令如下：

```
x = xmax；
maxy = x^3 + x^2 - 5 * x - 5
```

运行结果如下：

```
maxy =
    1.4815
```

因此，函数 y 在 $[-5, 5]$ 上的极大值为 1.4815.

方法 2，利用导数处理. MATLAB 命令为：

```
syms x
y = x^3 + x^2 - 5 * x - 5;
y1 = diff(y)
```

运行结果为：

```
y1 =
3 * x^2 + 2 * x - 5
```

求函数 y 的可疑极值点，MATLAB 命令如下：

```
y1 = [3 2 - 5];
rootofy1 = roots(y1)
rootofy1 =
  - 1.6667
    1.0000
```

所以 y 的一阶导数的根为 -1.6667，1.0000，函数 y 的极值只可能在点 $x = -1.6667$，$x = 1.0000$ 处产生. 取一个包含 -1.6667 和 1.0000 的区间 $[-2, 2]$，于是求函数 y 在区间 $[-2, 2]$ 的极小值点，MATLAB 命令如下：

```
xmin = fminbnd('x. ^3 + x. ^2 - 5 * x - 5', - 2,2)
```

运行结果为：

```
xmin =
    1.0000
```

求函数 y 在 $[-2, 2]$ 上的极小值，MATLAB 命令为：

```
x = xmin;
miny = x^3 + x^2 - 5 * x - 5
```

运行结果为：

```
miny =
    - 8
```

函数 y 在 $[-2, 2]$ 上的极大值点与 $-y$ 在 $[-2, 2]$ 上的极小值点相同，MATLAB 命令为：

```
xmax = fminbnd('- (x. ^3 + x. ^2 - 5 * x - 5)', - 2,2)
```

运行结果为：

```
xmax =
    - 1.6667
```

求函数 y 在 $[-2, 2]$ 上的极大值，MATLAB 命令为：

```
x = xmax;
maxy = x^3 + x^2 - 5 * x - 5
```

运行结果为：

```
maxy =
    1.4815
```

因此，函数 y 在 $[-2, 2]$ 上的极大值为 1.4815.

例 7-22　一房地产公司有 50 套公寓要出租．当月租金定为 1000 元时，公寓会全部租出去．当月租金每增加 50 元时，就会多一套公寓租不出去．而租出去的公寓每月需花费 100 元的维修费．试问房租定为多少元可获得最大收入？

　　解　设每套月房租为 x 元，则租不出去的房子套数为

$$\frac{x-1000}{50} = \frac{x}{50} - 20$$

租出去的房子套数为

$$50 - \left(\frac{x}{50} - 20\right) = 70 - \frac{x}{50}$$

租出去的每套房子获利（$x-100$）元，故总利润为：

$$y = \left(70 - \frac{x}{50}\right)(x-100) = -\frac{x^2}{50} + 72x - 7000$$

本题要求极大值点，因此应用 fminbnd 命令时，须将函数反号．MATLAB 命令为：

```
clear all
f = 'x. ^2/50 − 72 * x + 7000';
fminbnd(f,0,2000)
```

运行结果为：

```
ans =
    1.8000e + 003
```

由此可知，$x=1800$ 为唯一的极大值点．这个极大值点就是最大值点，即当每套房月租金定在 1800 元时，可获得最大收入．

7.4　求积分

　　MATLAB 软件求函数符号积分的命令是 int，具体调用格式如下：
- **int(f)**　求函数 f 关于 syms 定义的符号变量的不定积分．
- **int(f, v)**　求函数 f 关于变量 v 的不定积分．
- **int(f, a, b)**　求函数 f 关于 syms 定义的符号变量从 a 到 b 的定积分．
- **int(f, v, a, b)**　求函数 f 关于变量 v 从 a 到 b 的定积分．

例 7-23　求下列不定积分：

1) $\displaystyle\int \frac{\ln x}{(1-x)^2}\mathrm{d}x$　　　　2) $\displaystyle\int \frac{x\mathrm{e}^{\arctan x}}{(1+x^2)^{\frac{3}{2}}}\mathrm{d}x$

3) $\displaystyle\int \frac{\mathrm{d}x}{\sin^4 x\cos^2 x}$　　　　4) $\displaystyle\int \frac{x^2}{(x^2+2x+2)^2}\mathrm{d}x$

　　解　1）MATLAB 命令为：

```
clear all
syms x
f = log(x)/(1 − x)^2;
int(f,x)
```

运行结果为：

```
ans =
log( - 1 + x) - log(x) * x/( - 1 + x)
```

即 $\int \dfrac{\ln x}{(1-x)^2}\mathrm{d}x = \ln(x-1) - \dfrac{x\ln x}{x-1} + C$（其中 C 是任意常数）.

注：用 MATLAB 软件求不定积分时，不自动添加积分常数 C.

2）MATLAB 命令为：

```
clear all
syms x
f = x * exp(atan(x))/(1 + x^2)^(3/2);
int(f,x)
```

运行结果为：

```
ans =
1/2 * ( - 1 + x) * exp(atan(x))/(1 + x^2)^(1/2)
```

3）MATLAB 命令为：

```
clear all
syms x
f = 1/(sin(x)^4 * cos(x)^2);
int(f,x)
```

运行结果为：

```
ans =
- 1/3/sin(x)^3/cos(x) + 4/3/sin(x)/cos(x) - 8/3/sin(x) * cos(x)
```

4）MATLAB 命令为：

```
clear all
syms x
f = x^2/(x^2 + 2 * x + 2)^2;
int(f,x)
```

运行结果为：

```
ans =
atan(x + 1) + 1/(x^2 + 2 * x + 2)
```

例 7-24 计算定积分 $\displaystyle\int_{\frac{1}{2}}^{2}\left(1+x-\dfrac{1}{x}\right)\mathrm{e}^{x+\frac{1}{x}}\mathrm{d}x$.

解 MATLAB 命令为：

```
clear all
syms x
int((1 + x - 1/x) * exp(x + 1/x),1/2,2)
```

运行结果为：

```
ans =
3/2 * exp(5/2)
```

即 $\displaystyle\int_{\frac{1}{2}}^{2}\left(1+x-\dfrac{1}{x}\right)\mathrm{e}^{x+\frac{1}{x}}\mathrm{d}x = \dfrac{3}{2}\mathrm{e}^{\frac{5}{2}}$.

例 7-25 计算反常积分 $\displaystyle\int_{2}^{4}\dfrac{x\mathrm{d}x}{\sqrt{|x^2-9|}}$.

解 MATLAB 命令为：

```
clear all
syms x
int(x/sqrt(abs(x^2-9)),2,4)
```

运行结果为：

```
ans =
5^(1/2)+7^(1/2)
```

即 $\int_2^4 \dfrac{x\mathrm{d}x}{\sqrt{|x^2-9|}}=\sqrt{5}+\sqrt{7}$.

例 7-26 讨论反常积分 $\int_2^4 \dfrac{\mathrm{d}x}{(x-2)^3}$ 的敛散性.

解 MATLAB 命令为：

```
clear all
syms x
int(1/(x-2)^3,2,4)
```

运行结果为：

```
ans =
 Inf
```

即反常积分 $\int_2^4 \dfrac{\mathrm{d}x}{(x-2)^3}$ 发散.

7.5 数值积分

在许多实际问题中，常常需要计算定积分 $I=\int_a^b f(x)\mathrm{d}x$ 的值. 根据微积分基本定理，若被积函数 $f(x)$ 在区间 $[a,b]$ 上连续，只需要找到被积函数的一个原函数 $F(x)$，就可以用牛顿-莱布尼兹公式求出积分值. 但在工程技术与科学实验中，有些定积分被积函数的原函数可能求不出来，如定积分 $\int_0^1 \mathrm{e}^{-x^2}\mathrm{d}x$ 和 $\int_0^1 \dfrac{\sin x}{x}\mathrm{d}x$，因为它们的原函数无法由基本初等函数经过有限次四则运算及复合运算构成，计算这种类型的定积分只能用数值方法求出近似结果.

数值积分原则上可以用于计算各种被积函数的定积分，无论被积函数是解析形式还是数表形式，其基本原理都是用多项式函数近似代替被积函数，用对多项式的积分结果近似代替对被积函数的积分. 由于所选多项式形式的不同，数值积分方法也有多种. 下面将介绍最常用的几种数值积分方法.

7.5.1 公式的导出

建立数值积分公式的途径比较多，其中最常用的有两种：

1）对于连续函数，有积分中值定理

$$\int_a^b f(x)\mathrm{d}x = (b-a)f(\xi) \qquad \xi \in [a,b]$$

其中 $f(\xi)$ 是被积函数 $f(x)$ 在积分区间上的平均值. 因此, 如果我们能给出求平均值 $f(\xi)$ 的一种近似方法, 相应地就可以得到一种计算定积分的数值方法.

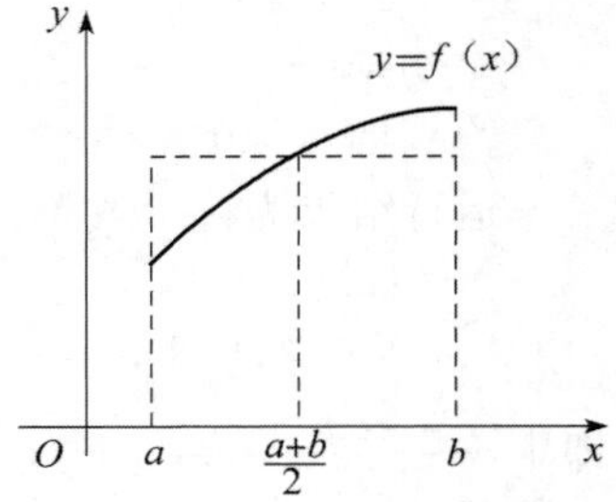

例如, 取 $f(\xi) \approx f\left(\dfrac{b+a}{2}\right)$, 则可以得到计算定积分的中矩形公式:

$$\int_a^b f(x)\mathrm{d}x \approx (b-a)f\left(\frac{b+a}{2}\right)$$

即在图 7-7 中, 用虚线围成的矩形面积近似曲线围成的图形面积.

如果我们取 $f(\xi) \approx f(a)$, 则可以得到计算定积分的左矩形公式:

$$\int_a^b f(x)\mathrm{d}x \approx (b-a)f(a) \qquad (7\text{-}1)$$

如果我们取 $f(\xi) \approx f(b)$, 则可以得到计算定积分的右矩形公式:

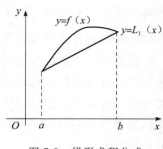

图 7-7　中矩形求积公式

$$\int_a^b f(x)\mathrm{d}x \approx (b-a)f(b) \qquad (7\text{-}2)$$

2) 用某个简单函数 $\varphi(x)$ 近似逼近 $f(x)$, 然后用 $\varphi(x)$ 在 $[a, b]$ 区间的积分值近似表示 $f(x)$ 在 $[a, b]$ 区间上的定积分, 即取 $\int_a^b f(x)\mathrm{d}x \approx \int_a^b \varphi(x)\mathrm{d}x$. 若取 $\varphi(x)$ 为插值多项式 $P_n(x)$, 则相应得到数值积分公式就称为插值型求积公式. 插值型求积公式需要构造插值多项式 $P_n(x)$, 下面讨论 $n=1$, 2 时的情况.

当 $n=1$ 时, 过 a, b 两点, 作直线

$$P_1(x) = \frac{x-a}{b-a}f(b) + \frac{x-b}{a-b}f(a)$$

用 $P_1(x)$ 代替 $f(x)$, 得

$$
\begin{aligned}
\int_a^b f(x)\mathrm{d}x &\approx \int_a^b P_1(x)\mathrm{d}x = \int_a^b \left[\frac{x-a}{b-a}f(b) + \frac{x-b}{a-b}f(a)\right]\mathrm{d}x \\
&= \frac{b-a}{2}\left[f(a) + f(b)\right]
\end{aligned}
\qquad (7\text{-}3)
$$

由图 7-8 看到, 就是用梯形面积近似替代曲边梯形的面积, 所以式 (7-3) 叫做梯形求积公式.

当 $n=2$ 时, 把 $[a, b]$ 区间二等分, 过 a, b 和 $\dfrac{a+b}{2}$ 三点作抛物线:

图 7-8　梯形求积公式

$$
\begin{aligned}
P_2(x) = {}& \frac{\left(x-\dfrac{a+b}{2}\right)(x-b)}{\left(a-\dfrac{a+b}{2}\right)(a-b)}f(a) + \frac{(x-a)(x-b)}{\left(\dfrac{a+b}{2}-a\right)\left(\dfrac{a+b}{2}-b\right)} \\
& \times f\left(\frac{a+b}{2}\right) + \frac{\left(x-\dfrac{a+b}{2}\right)(x-a)}{\left(b-\dfrac{a+b}{2}\right)(b-a)}f(b)
\end{aligned}
$$

用 $P_2(x)$ 代替 $f(x)$，得

$$\int_a^b f(x)\mathrm{d}x \approx \int_a^b P_2(x)\mathrm{d}x = \frac{b-a}{6}\Big[f(a) + 4f\Big(\frac{a+b}{2}\Big) + f(b)\Big] \tag{7-4}$$

式（7-4）叫做辛普生公式，因为辛普生公式是用抛物线围成的曲边梯形面积近似代替 $f(x)$ 所围成的曲边梯形面积（如图7-9所示），所以辛普生公式也叫做抛物线求积公式.

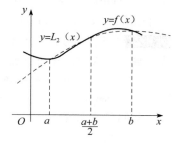

图 7-9　辛普生求积公式

在实际运用中，通常将积分区间分成若干个小区间，在每个小区间上采用低阶求积公式，然后把所有小区间上的计算结果加起来得到整个区间上的求积公式，这就是复合求积公式的基本思想. 下面讨论复合梯形公式和复合辛普生公式的构造.

（1）复合梯形公式

将区间 $[a, b]$ n 等分，节点 $x_k = a + kh(k=0, 1, \cdots, n)$，$h = \dfrac{b-a}{n}$，对每个小区间 $[x_k, x_{k+1}]$ 用梯形求积公式，则得

$$\int_a^b f(x)\mathrm{d}x = \sum_{k=0}^{n-1}\int_{x_k}^{x_{k+1}} f(x)\mathrm{d}x \approx \sum_{k=0}^{n-1}\frac{x_{k+1}-x_k}{2}[f(x_k) + f(x_{k+1})]$$

$$= \frac{h}{2}\Big[f(a) + f(b) + 2\sum_{k=1}^{n-1}f(a+kh)\Big]$$

记

$$T_n = \frac{h}{2}\Big[f(a) + f(b) + 2\sum_{k=1}^{n-1}f(a+kh)\Big] \tag{7-5}$$

称之为复合梯形公式.

（2）复合辛普生公式

因为辛普生公式用到区间的中点，所以在构造复合辛普生公式时必须把区间等分为偶数份. 为此，令 $n=2m$，m 是正整数，在每个小区间 $[x_{2k-2}, x_{2k}]$ 上用辛普生求积公式

$$\int_{x_{2k-2}}^{x_{2k}} f(x)\mathrm{d}x \approx \frac{2h}{6}[f(x_{2k-2}) + 4f(x_{2k-1}) + f(x_{2k})]$$

其中 $h = \dfrac{b-a}{n}$，因此

$$\int_a^b f(x)\mathrm{d}x = \sum_{k=1}^{m}\int_{x_{2k-2}}^{x_{2k}} f(x)\mathrm{d}x \approx \sum_{k=1}^{m}\frac{h}{3}[f(x_{2k-2}) + 4f(x_{2k-1}) + f(x_{2k})]$$

$$= \frac{h}{3}\Big[f(a) + f(b) + 4\sum_{k=1}^{m}f(x_{2k-1}) + 2\sum_{k=1}^{m-1}f(x_{2k})\Big]$$

记

$$S_n = \frac{h}{3}\Big[f(a) + f(b) + 4\sum_{k=1}^{\frac{n}{2}}f(x_{2k-1}) + 2\sum_{k=1}^{\frac{n}{2}-1}f(x_{2k})\Big] \tag{7-6}$$

称式（7-6）为复合辛普生公式.

7.5.2 用 MATLAB 求数值积分

数值积分可用下面几种命令实现：

1）**sum(x)**　输入数组 x，输出为 x 的各个元素的累加和，如果 x 是矩阵，则 sum(x) 是一个元素为 x 的每列和的行向量，此命令可用于按矩形公式（7-1）、（7-2）计算积分.

例 7-27　求从 1 到 10 十个自然数的和.

解　MATLAB 命令如下：

```
x = [1,2,3,4,5,6,7,8,9,10];
sum(x)
```

运行结果如下：

```
ans =
    55
```

求矩阵 $\begin{bmatrix} 1 & 2 & 3 & 4 \\ 5 & 6 & 7 & 8 \\ 9 & 10 & 11 & 12 \end{bmatrix}$ 各列元素的和，MATLAB 命令如下：

```
x = [1,2,3,4;5,6,7,8;9,10,11,12]
x =
    1        2        3        4
    5        6        7        8
    9        10       11       12
sum(x)
```

运行结果如下：

```
ans =
    15       18       21       24
```

定积分是一个和的极限，即 $\int_a^b f(x)\mathrm{d}x = \lim_{\lambda \to 0} \sum_{i=1}^n f(\xi_i)\Delta x_i$. 取 $f(x) = x^2$，积分区间为 $[0, 1]$，等距划分为 20 个子区间，命令如下：

```
x = linspace(0,1,21);
```

选取每个子区间的端点，并计算端点处的函数值，命令如下：

```
y = x.^2;
```

取区间的左端点乘以区间长度，全部加起来，命令如下：

```
y1 = y(1:20);s1 = sum(y1)/20
```

运行结果为：

```
s1 =
    0.3087
```

s1 可作为 $\int_0^1 x^2 \mathrm{d}x$ 的近似值.

若选取右端点，命令如下：

```
y2 = y(2 : 21);s2 = sum(y2)/20
```

运行结果为：

```
s2 =
    0.3587
```

s2 也可作为 $\int_0^1 x^2 \mathrm{d}x$ 的近似值. 下面绘出图形，MATLAB 命令为：

```
plot(x,y);hold on
for i = 1 : 20
fill([x(i),x(i + 1),x(i + 1),x(i),x(i)],[0,0,y(i),y(i),0],'b')
end
```

运行结果如图 7-10 所示.

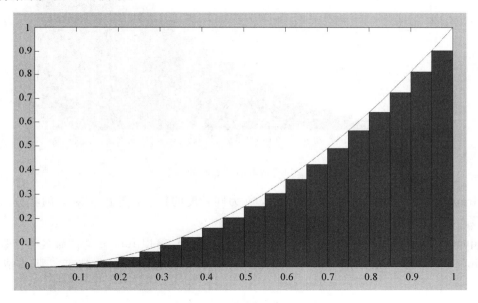

图 7-10　选取左端点时的图形

如果选取右端点绘制图形，MATLAB 命令为：

```
for i = 1 : 20
    fill([x(i),x(i + 1),x(i + 1),x(i),x(i)],[0,0,y(i + 1),y(i + 1),0],'b')
    hold on
end
    plot(x,y,'r')
```

运行结果如图 7-11 所示.

计算定积分 $\int_0^1 x^2 \mathrm{d}x$ 的精确值，MATLAB 命令为：

```
clear all
syms x
```

```
int('x^2',0,1)
```
运行结果为:
```
ans =
    1/3
```

由此可见，矩形法有误差，随着插入分点个数 n 的增多，误差应越来越小.

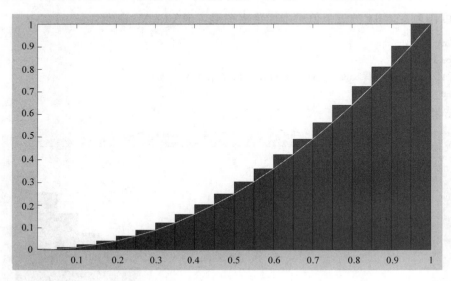

图 7-11 选取右端点时的图形

2) **trapz(x, y)** 梯形法命令，输入 x, y 为同长度的数组，输出 y 对 x 的积分. 对由离散数值形式给出的 x, y 作积分，用此命令.

3) **quad('fun', a, b, tol)** 用辛普生公式（7-6）计算以 fun.m 文件命名的函数（或库函数 'sin' 和 'log'）在区间（a, b）上的积分，tol 用来控制积分精度，默认情况下取 $tol = 10^{-6}$.

例 7-28 用本节介绍的几种方法计算定积分 $\int_0^1 \dfrac{4}{1+x^2}\mathrm{d}x$，并与精确值 π 比较.

解 分别用矩形法、梯形法和辛普生法计算，然后与精确值 π 比较，MATLAB 命令为：

```
h = 0.01;x = 0 : h : 1;
y = 4. /(1 + x. ^2);
format long
t = length(x);
z1 = sum(y(1:(t - 1))) * h              % 矩形公式(7-1)
z2 = sum(y(2:t)) * h                    % 矩形公式(7-2)
z3 = trapz(x,y)                         % 梯形公式(7-5)
z4 = quad('4. /(1 + x. ^2)',0,1)        % 辛普生公式(7-6)
format short
u1 = z1 - pi,u2 = z2 - pi,u3 = z3 - pi,u4 = z4 - pi    % 与精确值 π 的误差
```

输出结果如下：

```
z1 =
    3.151575986923129
z2 =
    3.131575986923129
z3 =
    3.141575986923129
z4 =
    3.141592682924567
u1 =
    0.0100
u2 =
    - 0.0100
u3 =
    - 1.6667e - 005
u4 =
    2.9335e - 008
```

由实验可知，矩形公式和梯形公式的计算误差将随着步长的减小而减小，辛普生公式的计算误差已自动满足 10^{-6} 的要求.

虽然对本题来说，用命令 quad 计算更为方便和精确，但应该指出的是，quad 只能用于有解析表达式的函数，而不能像命令 trapz 那样，对由离散数值形式给出的 x,y 作积分.

例 7-29　用矩形公式和梯形公式计算由表 7-1 中的数据给出的积分 $\int_{0.3}^{1.5} y(x)\mathrm{d}x$. 已知该表数据为函数 $y=x+\sin\dfrac{x}{3}$ 所产生，将计算值与精确值作比较.

表　7-1

k	1	2	3	4	5	6	7
x_k	0.3	0.5	0.7	0.9	1.1	1.3	1.5
y_k	0.3895	0.6598	0.9147	1.1611	1.3971	1.6212	1.8325

解　MATLAB 命令为：

```
syms t
x = 0.3 : 0.2 : 1.5;
y = [0.3895  0.6598  0.9147  1.1611  1.3971  1.6212  1.8325];
s1 = sum(y) * 0.2
s2 = trapz(x,y)
f = t + sin(t/3);
vpa(int(f,0.3,1.5))          % vpa 是精确计算出变量数值命令
```

运行结果为：

```
s1 =
```

```
    1.5952
s2 =
    1.3730
ans =
    1.432264810162959149937841215600I
```

矩形法计算结果是 1.5952，梯形法计算结果是 1.3730，精确值约是 1.4322，因此，用梯形法计算误差更小.

例 7-30   用三种方法计算定积分 $\int_0^1 \dfrac{\sin x^2}{x+1}\mathrm{d}x$ 的值.

解   建立函数文件 jifen. m：

```
function y = jifen(x)
y = sin(x. ^2). /(x + 1);
```

编程如下：

```
x = 0 : 0.01 : 1;
y = sin(x. ^2). /(x + 1);
t = length(x);
s1 = sum(y(1 : (t - 1))) * 0.01
s2 = sum(y(2 : t)) * 0.01
s3 = trapz(x,y)
s4 = quad('jifen',0,1)
```

运行结果为：

```
s1 =
    0.1787
s2 =
    0.1829
s3 =
    0.1808
s4 =
    0.1808
```

按矩形公式（7-1）计算，结果是 0.1787，按矩形公式（7-2）计算，结果是 0.1829，按梯形法和辛普生法计算，结果都是 0.1808.

例 7-31   汽车里程表原理. 汽车的速度计用于度量汽车轮子转动有多快，并把它转化为汽车向前行走的速度（km/h）. 那么度量汽车路程的里程表工作原理是什么呢？这里用到了定积分的实际意义，即通过求速度曲线从左端点（初始时刻）到当前时间之间的曲边梯形面积而得到行驶的路程，面积计算实际上就是定积分的计算. 这就是汽车里程表的工作原理，在汽车设计中是通过机械装置来完成的. 假设北京市内某辆汽车在 2.5h 内行驶的速度函数为：

$$v(x) = 28\Big(2\sin^2(2x) + \frac{5}{2}x\cos^2\Big(\frac{x}{2}\Big)\Big),\, x \in \big[0, 2.5\big]$$

求该时间段内汽车行驶的路程.

解　先画出速度曲线，MATLAB 命令为：

```
x = 0：0.01：2.5；
y = 28*(2*(sin(2*x)).^2+5/2*x.*(cos(x/2)).^2)；
plot(x,y)
```

运行结果如图 7-12 所示.

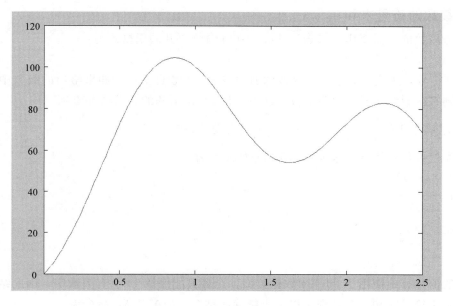

图 7-12　速度曲线

用数值积分方法求出汽车里程，MATLAB 命令为：

```
x = 0：0.01：2.5；
y = 28*(2*(sin(2*x)).^2+5/2*x.*(cos(x/2)).^2)；
t = length(x)；
s1 = sum(y(1：(t-1)))*0.01
s2 = sum(y(2：t))*0.01
s3 = trapz(x,y)
f = inline('28*(2*(sin(2*x)).^2+5/2*x.*(cos(x/2)).^2)',x)；
[I,n] = quad(f,0,2.5)
```

运行结果为：

```
s1 =
    172.1635
s2 =
    172.8524
s3 =
    172.5080
I =
```

```
172.5094
n =
125
```

7.6　无穷级数

7.6.1　级数的符号求和

求无穷级数的和需要用符号表达式 symsum 命令，其调用格式为：

symsum(f, n, n1, n2)

其中，f 是符号表达式，表示一个级数的通项；n 是级数自变量，如果给出的级数中只含有一个变量，则在函数调用时可以省略 n；$n1$ 和 $n2$ 分别是求和的开始项和末项.

例 7-32　求级数 $1+\dfrac{1}{3}+\dfrac{1}{5}+\dfrac{1}{7}+\cdots+\dfrac{1}{101}$ 的部分和.

解　先用数值计算方法求值. MATLAB 命令为：

```
n = 1 : 2 : 101;
format long;
s1 = sum(1. /n)
```

运行结果为：

```
s1 =
    2.947675838573917
```

由于数值计算中使用了 double 数据类型，至多只能保留 16 位有效数字，因此结果并不很精确. 若利用符号求和指令，则可以求出精确的结果. MATLAB 命令为：

```
syms n;
s2 = symsum(1/(2 * n + 1),0,50)
```

运行结果为：

```
s2 =
3243253065252191102551151577321446033044439/1100274671593900030252799172260397 29050575
```

例 7-33　验证下列各式：

1) $\displaystyle\sum_{n=1}^{\infty}\frac{1}{n^2}=\frac{\pi^2}{6}$ 　　　　2) $\displaystyle\sum_{n=1}^{\infty}\frac{1}{n^4}=\frac{\pi^4}{90}$

3) $\displaystyle\sum_{n=1}^{\infty}\frac{1}{n^6}=\frac{\pi^6}{945}$ 　　　　4) $\displaystyle\sum_{n=1}^{\infty}\frac{1}{n^8}=\frac{\pi^8}{9450}$

解　1) MATLAB 命令为：

```
syms n
s = symsum(1/n^2,1,inf)
```

运行结果为：

```
s =
    1/6 * pi^2
```

2) MATLAB 命令为：

```
syms n
```

```
s = symsum(1/n^4,1,inf)
```

运行结果为：

```
s =
    1/90*pi^4
```

3）MATLAB 命令为：

```
syms n
s = symsum(1/n^6,1,inf)
```

运行结果为：

```
s =
    1/945*pi^6
```

4）MATLAB 命令为：

```
syms n
s = symsum(1/n^8,1,inf)
```

运行结果为：

```
s =
    1/9450*pi^8
```

7.6.2 级数敛散性的判定

例 7-34 利用无穷级数收敛的必要条件，判断级数 $\frac{1}{3} + \frac{1}{\sqrt{3}} + \frac{1}{\sqrt[3]{3}} + \cdots + \frac{1}{\sqrt[n]{3}} + \cdots$ 的敛散性.

分析 对于级数 $\sum\limits_{n=1}^{\infty} u_n$，当 n 无限增大时，它的一般项 u_n 不趋于零，即 $\lim\limits_{n\to\infty} u_n \neq 0$，则级数发散.

解 MATLAB 命令为：

```
syms n;
u = 3^( - 1/n);
limit(u,n,inf)
```

运行结果为：

```
ans =
    1
```

即 $\lim\limits_{n\to\infty} u_n \neq 0$，由级数收敛的必要条件知，该级数发散.

例 7-35 用比较审敛法判定下列级数的收敛性：

1）$1 + \frac{1}{3} + \frac{1}{5} + \cdots + \frac{1}{(2n-1)} + \cdots$　　　2）$\frac{1}{2\times5} + \frac{1}{3\times6} + \cdots + \frac{1}{(n+1)\times(n+4)} + \cdots$

注：设 $\sum\limits_{n=1}^{\infty} u_n$ 和 $\sum\limits_{n=1}^{\infty} v_n$ 都是正项级数.

（a）如果 $\lim\limits_{n\to\infty}\dfrac{u_n}{v_n} = l (0 \leqslant l < +\infty)$，且级数 $\sum\limits_{n=1}^{\infty} v_n$ 收敛，则级数 $\sum\limits_{n=1}^{\infty} u_n$ 收敛.

（b）如果 $\lim\limits_{n\to\infty}\dfrac{u_n}{v_n} = l > 0$ 或 $\lim\limits_{n\to\infty}\dfrac{u_n}{v_n} = +\infty$，且级数 $\sum\limits_{n=1}^{\infty} v_n$ 发散，则级数 $\sum\limits_{n=1}^{\infty} u_n$ 发散.

解 1）MATLAB命令为：

```
syms n
f = 1/(2 * n - 1)/(1/n);
limit(f,n,inf)
```

运行结果为：

```
ans =
    1/2
```

由于 $\lim\limits_{n\to\infty}\dfrac{\dfrac{1}{2n-1}}{\dfrac{1}{n}}=\dfrac{1}{2}$，已知级数 $\sum\limits_{n=1}^{\infty}\dfrac{1}{n}$ 发散，则级数 $\sum\limits_{n=1}^{\infty}\dfrac{1}{2n-1}$ 发散.

2）MATLAB命令为：

```
syms n
f = 1/((n + 1) * (n + 4))/(1/n^2);
limit(f,n,inf)
```

运行结果为：

```
ans =
    1
```

由于 $\lim\limits_{n\to\infty}\dfrac{\dfrac{1}{(n+1)(n+4)}}{\dfrac{1}{n^2}}=1$，已知级数 $\sum\limits_{n=1}^{\infty}\dfrac{1}{n^2}$ 收敛，则级数 $\sum\limits_{n=1}^{\infty}\dfrac{1}{(n+1)(n+4)}$ 收敛.

例 7-36 用比值或根值审敛法判定下列级数的收敛性：

1）$\dfrac{3}{1\times2}+\dfrac{3^2}{2\times2^2}+\dfrac{3^3}{3\times2^3}+\cdots+\dfrac{3^n}{n\times2^n}+\cdots$ 2）$\sum\limits_{n=1}^{\infty}\dfrac{1}{[\ln(n+1)]^n}$

注：（a）（**比值审敛法**）设 $\sum\limits_{n=1}^{\infty}u_n$ 为正项级数，若 $\sum\limits_{n=1}^{\infty}\dfrac{u_{n+1}}{u_n}=\rho$，则当 $\rho<1$ 时，级数收敛；当 $\rho>1$（或 $\sum\limits_{n=1}^{\infty}\dfrac{u_{n+1}}{u_n}=\infty$）时，级数发散；当 $\rho=1$ 时，级数可能收敛也可能发散.

（b）（**根值审敛法**）设 $\sum\limits_{n=1}^{\infty}u_n$ 为正项级数，若 $\sum\limits_{n=1}^{\infty}\sqrt[n]{u_n}=\rho$，则当 $\rho<1$ 时，级数收敛；当 $\rho>1$（或 $\sum\limits_{n=1}^{\infty}\sqrt[n]{u_n}=+\infty$）时，级数发散；当 $\rho=1$ 时，级数可能收敛也可能发散.

解 1）用比值审敛法，MATLAB命令为：

```
syms n
f = 3^(n + 1)/((n + 1) * 2^(n + 1))/(3^n/(n * 2^n));
limit(f,n,inf)
```

运行结果为：

```
ans =
    3/2
```

由于 $\sum\limits_{n=1}^{\infty}\dfrac{u_{n+1}}{u_n}=\dfrac{3}{2}>1$，因此级数发散.

2）用根值审敛法，MATLAB 命令为：

```
syms n
f = 1/log(n + 1);
limit(f,n,inf)
```

运行结果为：

```
ans =
    0
```

由于 $\sum\limits_{n=1}^{\infty}\sqrt[n]{u_n}=0<1$，因此级数收敛.

7.6.3 级数的泰勒展开

MATLAB 提供了 taylor 函数将函数展开为幂级数，其调用格式为：

taylor(f, v, n, a)

该函数将函数 f 按变量 v 展开为泰勒级数，展开到第 n 项（即变量 v 的（$n-1$）次幂）为止；n 的默认值为 6；v 默认时，将表示对 syms 定义的符号变量泰勒展开；参数 a 指定将函数 f 在自变量 $v=a$ 处展开，a 的默认值是 0.

例 7-37 求函数 $y=\sin x$ 在 $x=0$ 处前 10 项的泰勒级数展开式.

解 MATLAB 命令为：

```
syms x;
f = sin(x);
taylor(f,x,10,0)
```

运行结果为：

```
ans =
x - 1/6 * x ^ 3 + 1/120 * x ^ 5 - 1/5040 * x ^ 7 + 1/362880 * x ^ 9
```

为了能够直观地展示泰勒级数的效果，将 $\sin x$ 和泰勒多项式的效果图绘制出来，其 MATIAB 命令为：

```
x = - 5 : 0. 1 : 5;
y = sin(x);
p = [1/362880 0 - 1/5040 0 1/120 0 - 1/6 0 1 0];
x1 = - 5 : 0. 01 : 5;
y1 = polyval(p,x1);
plot(x,y,'r',x1,y1)
```

运行结果如图 7-13 所示.

例 7-38 求函数 $f(x)=\ln x$ 在 $x=2$ 处的 7 阶泰勒展开式.

解 MATLAB 命令为：

```
syms x;
f = log(x);
taylor(f,x,7,2)
```

运行结果为：

ans =

log(2) + 1/2 * x − 1 − 1/8 * (x − 2)^2 + 1/24 * (x − 2)^3 − 1/64 * (x − 2)^4 + 1/160 * (x − 2)^5 − 1/384 * (x − 2)^6

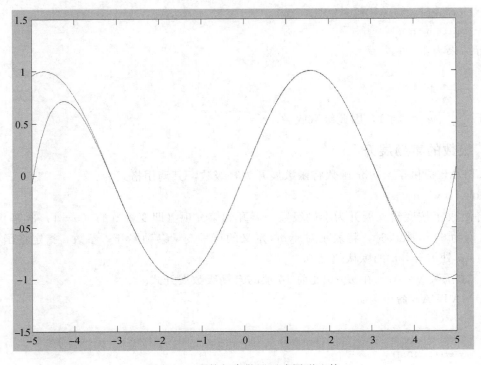

图 7-13　函数与泰勒展开式图形比较

7.7　常微分方程

大多数科学实验和生产实践中的问题都可以通过引入适当的数学模型，将问题转化为某种微分方程，并尝试求解这些微分方程来解决实际问题．一般地，微分方程的解析解是不存在或者很难求得，因此，通常采用数值方法求解微分方程．

MATLAB 提供了很多工具对微分方程进行求解．本节将主要讲解常微分方程的求解方法．

7.7.1　常微分方程的符号解法

函数 dsolve 可用于符号求解常微分方程．其调用格式为：

1）**y＝dsolve（'equation'）**　　求常微分方程 equation 的解．

2）**y＝dsolve（'equation'，'cond1，cond2，…'，'var'）**　　求常微分方程 equation 满足初始条件 cond1，cond2，…的解，其中自变量是 'var'.

3）**S＝dsolve（'equation1'，'equation2'，…，'cond1'，'cond2'，…）**　　求多个常微分方程 'equation1'，'equation2'…满足初始条件 'cond1'，'cond2'…的解，并以结构的形式输出结果．

说明　常微分方程 equation 中，用符号 D 表示对变量进行微分运算，D2，D3，…分别为第二阶、第三阶导数．例如，D2y 表示对函数 y 求二阶导数．

例 7-39 求 $\dfrac{\mathrm{d}y}{\mathrm{d}x} = y^2$ 的解.

解 MATLAB 命令为.

```
y = dsolve('Dy = y ^ 2','x')
```

运行结果为：

```
y =
- 1/(x - C1)
```

例 7-40 求解两点边值问题：$xy'' - 3y' = x^2, y(1) = 0, y(5) = 0$.

解 MATLAB 命令为.

```
y = dsolve('x * D2y - 3 * Dy = x ^ 2','y(1) = 0,y(5) = 0','x')
```

运行结果为：

```
y =
- 1/3 * x ^ 3 + 125/468 + 31/468 * x ^ 4
```

例 7-41 求解如下微分方程：

$$\left(\frac{\mathrm{d}y}{\mathrm{d}t}\right)^2 - y^2 = 1, y(0) = 0$$

解 MATLAB 命令为：

```
y = dsolve('(Dy)^2 - y ^ 2 = 1','y(0) = 0')
```

运行结果为：

```
y =
1/2 * ( - 1 + exp(t)^2)/exp(t)
- 1/2 * ( - 1 + exp(t)^2)/exp(t)
```

例 7-42 考虑常微分方程：

$$\frac{\mathrm{d}x}{\mathrm{d}t} = - a \cdot x$$

其中 a 为常数.

解 MATLAB 命令为：

```
x = dsolve('Dx = - a * x')
```

运行结果为：

```
x =
C1 * exp( - a * t)
```

相当于初始条件为 $x(0) = C$. 与其等价的命令为：

```
x = dsolve('Dx = - a * x','x(0) = C1')
x =
C1 * exp( - a * t)
```

例 7-43 求解常微分方程组：

$$\begin{cases} \dfrac{\mathrm{d}f}{\mathrm{d}t} = f + g \\[2mm] \dfrac{\mathrm{d}g}{\mathrm{d}t} = - f + g \\[2mm] f(0) = 1 \\ g(0) = 2 \end{cases}$$

解　MATLAB 命令为:

```
y = dsolve('Df = f + g','Dg = - f + g','f(0) = 1','g(0) = 2')
```

运行结果为:

```
y =
    f:[1x1 sym]
    g:[1x1 sym]
```

若要查看解,可用如下命令:

```
y. f
```

运行结果为:

```
ans =
exp(t)*(2*sin(t) + cos(t))
```

命令

```
y. g
```

运行结果为:

```
ans =
exp(t)*(2*cos(t) - sin(t))
```

7.7.2　常微分方程的数值解法

考虑常微分方程的初值问题:

$$y' = f(t,y), t_0 \leqslant t \leqslant T$$
$$y(t_0) = t_0$$

所谓数值解法,就是求解 $y(t)$ 在给定节点 $t_0 < t_1 < \cdots < t_m$ 处的近似解 y_0,$\cdots$,y_m 的方法. 求得的 y_0,$\cdots$,y_m 称为常微分方程初值问题的数值解. 对常微分方程的边值问题有类似的方法,故本节以常微分方程的初值问题为例,说明常微分数值解的基本求法.

MATLAB 提供了多个常微分方程数值解的函数,一般调用格式为:

$$[t, y] = \text{solver} (\text{fname, tspan, y0, [options]})$$

其中,t 和 y 分别给出了时间向量和相应的状态向量;solver 为求常微分方程数值解的函数,细节见表 7-2;fname 为微分方程函数名;tspan 为指定的积分区间;$y0$ 用于指定初值;options 用于改变计算中积分的特性(本书中不再详述).

表 7-2　求常微分方程数值解的相关函数

求解器 (solver)	方法描述	使用场合
ode23	2~3 阶 Runge—Kutta 算法,低精度	非刚性
ode45	4~5 阶 Runge—Kutta 算法,中精度	非刚性
ode113	Adams 算法,精度可到 10^{-3} 至 10^{-6}	非刚性,计算时间比 ode45 短
ode23t	梯形算法	适度刚性
ode15s	反向数值微分算法,中精度	刚性
ode23s	2 阶 Rosebrock 算法,低精度	刚性,当精度较低时,计算时间比 ode15s 短
ode23tb	梯形算法,低精度	刚性,当精度较低时,计算时间比 ode15s 短
ode15i	可变秩求法	完全隐式微分方程

例 7-44 考虑初值问题：

$$y' = y\tan x + \sec x, 0 \leqslant x \leqslant 1, y \mid_{x=0} = \frac{\pi}{2}$$

试求其数值解，并与精确解相比较，精确解为 $y(x) = \dfrac{\left(x + \dfrac{\pi}{2}\right)}{\cos x}$.

解

1）首先建立函数文件 funst. m：

```
function yp = funst(x,y)
yp = sec(x) + y* tan(x);
```

2）求解微分方程，主程序如下：

```
x0 = 0;
xf = 1;
y0 = pi/2;
[x,y] = ode23('funst',[x0,xf],y0);    % 求数值解
yy = (x + pi/2)./cos(x);              % 求精确解
plot(x,y,'-',x,yy,'o')
[x,y,yy]
ans =
```

0	1.5708	1.5708
0.1000	1.6792	1.6792
0.2000	1.8068	1.8068
0.3000	1.9583	1.9583
0.4000	2.1397	2.1397
0.5000	2.3596	2.3597
0.6000	2.6301	2.6302
0.7000	2.9689	2.9690
0.8000	3.4027	3.4029
0.9000	3.9745	3.9748
1.0000	4.7573	4.7581

数值解与精确的比较图如图 7-14 所示.

例 7-45 用数值积分的方法求解微分方程：$y'' + y = 1 - \dfrac{t^2}{2\pi}$. 设初始时间 $t_0 = 0$；终止时间 $t_f = 3\pi$；初始条件 $y\mid_{t=0} = 0, y'\mid_{t=0} = 0$. 并与解析解比较.

解 先将高阶微分方程转化为一阶微分方程. 令 $x_1 = y, x_2 = y' = x_1' \Rightarrow y'' = x_2'$，即原微分方程化为：

$$\begin{cases} x_1' = x_2 \\ x_2' = -x_1 + 1 - \dfrac{t^2}{2\pi} \end{cases}$$

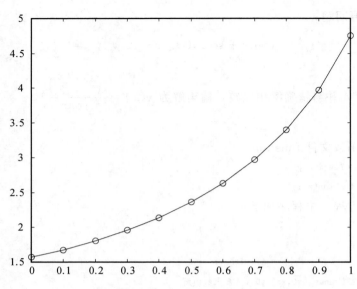

图 7-14　数值积分解与精确解比较图形

写成矩阵形式为：

$$x' = \begin{bmatrix} x_1' \\ x_2' \end{bmatrix} = \begin{bmatrix} 0 & 1 \\ -1 & 0 \end{bmatrix} \begin{bmatrix} x_1 \\ x_2 \end{bmatrix} + \begin{bmatrix} 0 \\ 1 \end{bmatrix} \left(1 - \frac{t^2}{2\pi}\right)$$

$$= \begin{bmatrix} 0 & 1 \\ -1 & 0 \end{bmatrix} \boldsymbol{x} + \begin{bmatrix} 0 \\ 1 \end{bmatrix} \left(1 - \frac{t^2}{2\pi}\right)$$

$u = 1 - \dfrac{t^2}{2\pi}$，$x\mathrm{dot} = \begin{bmatrix} 0 & 1 \\ -1 & 0 \end{bmatrix} \boldsymbol{x} + \begin{bmatrix} 0 \\ 1 \end{bmatrix} u$ 放入函数 exf. m 中，命令如下：

```
[t,x] = ode23('exf',[t0,tf],x0t)
```

其中，$t0 = 0$，$tf = 3\pi$，$x0t = \begin{bmatrix} 0 \\ 0 \end{bmatrix}$，$[t, x]$ 中求出的 x 是按列排列，故用 ode23 求出 x 后只要

第一列，即为 y.

1）求解析解：

```
dsolve('D2y + y = 1 - t ^2/(2 * pi)','y(0) = 0,Dy(0) = 0','t')
```

运行结果为：

```
ans =
  - 1/2 * ( - 2 * pi - 2 + t ^2)/pi - (pi + 1)/pi * cos(t)
```

2）将导数表达式的右端写成 exf. m 函数文件：

```
function xdot = exf(t,x)
u = 1 - (t. ^2)/(pi * 2);
xdot = [0 1; - 1 0] * x + [0 1]' * u;
```

3）主程序如下：

```
clf,
```

```
t0 = 0;tf = 3 * pi;x0t = [0;0];
[t,x] = ode23('exf',[t0,tf],x0t)
y = x(:,1), %[t,x]中求出的 x 是按列排列,故用 ode23 求出 x 后,只要第一列即为 y
y2 = -1/2 * (-2 * pi - 2 + t. ^2)/pi - (pi + 1)/pi * cos(t); % 代入 1)中求出的解析解
plot(t,y,'-',t,y2,'o')
legend('数值积分解 ','解析解 ')
```

运行结果如图 7-15 所示.

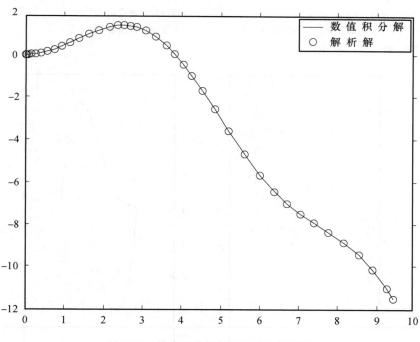

图 7-15　数值积分解与解析解比较图形

例 7-46　求描述振荡器的 Van der Pol 方程:

$$y'' - \mu(1 - y^2)y' + y = 0$$
$$y(0) = 1, y'(0) = 0, \mu = 4$$

解　函数 ode23 和 ode45 是对一阶常微分方程组设计的,因此,对于高阶常微分方程,需先将它转化为一阶常微分方程组,即状态方程. 令,$x_1 = y, x_2 = y'$ 则可写出 Van der Pol 方程的状态方程为:

$$x_1' = x_2$$
$$x_2' = \mu(1 - x_1^2)x_2 - x_1$$

基于以上状态方程,求解过程如下:

1) 建立函数文件 verderpol. m.

```
function xprime = verderpol(t,x)
global mu;
```

```
        xprime = [x(2);mu*(1 - x(1)^2)* x(2) - x(1)];
```

2）求解微分方程.

```
    global mu;
    mu = 4;
    y0 = [1;0];
    [t,x] = ode45('verderpol',[0,20],y0);
```

3）用图形显示出数值结果.

```
    subplot(1,2,1);plot(t,x);                        % 系统时间响应曲线
    subplot(1,2,2);plot(x(:,1),x(:,2));              % 系统相平面曲线
```

运行结果如图 7-16 所示.

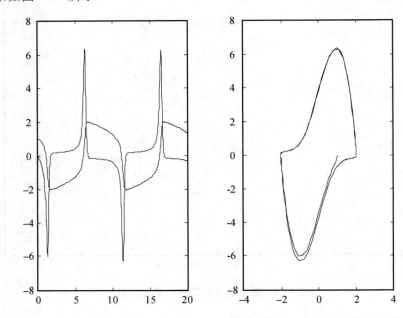

图 7-16　Van der Pol 方程的时间相应曲线及相平面曲线

例 7-47　某非刚性物体的运动方程为：

$$\begin{cases} x' = -\beta x + yz \\ y' = -\sigma(y - z) \\ z' = -xy + \rho y - z \end{cases}$$

其初始条件为 $x(0) = 0, y(0) = 0, z(0) = \varepsilon$. 取 $\beta = 8/3, \rho = 28, \sigma = 6$，试绘制系统相平面图.

　　解　将运动方程写为矩阵形式：

$$\begin{bmatrix} x' \\ y' \\ z' \end{bmatrix} = \begin{bmatrix} -\dfrac{8}{3} & 0 & y \\ 0 & -6 & 6 \\ -y & 28 & -1 \end{bmatrix} \begin{bmatrix} x \\ y \\ z \end{bmatrix}$$

1）建立模型的函数文件 lorenz. m：

```
function xdot = lorenz(t,x)
xdot = [ - 8/3,0,x(2);0, - 6,6; - x(2),28, - 1]* x;
```

2）解微分方程组：

```
[t,x] = ode23('lorenz',[0,80],[0;0;eps]);
```

3）绘制系统相平面图：

```
plot3(x(:,1),x(:,2),x(:,3));
axis([10,45, - 15,20, - 30,25]);
```

运行结果如图 7-17 所示.

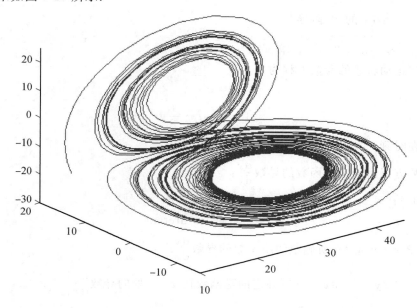

图 7-17　非刚性物体运动方程的相平面图

 习题

1. 用 MATLAB 软件求下列数列极限：

（1）$\lim\limits_{n\to\infty}\dfrac{(-2)^n+3n}{(-2)^{n+1}+3^{n+1}}$

（2）$\lim\limits_{n\to\infty}\dfrac{1}{(\ln\ln n)^{\ln n}}$

（3）$\lim\limits_{n\to\infty}\left[1+\dfrac{1}{n}+\dfrac{1}{n^2}\right]^n$

（4）$\lim\limits_{n\to\infty}(\sqrt{n+2}-2\sqrt{n+1}+\sqrt{n})$

2. 用 MATLAB 软件求下列函数极限：

（1）$\lim\limits_{x\to0}\dfrac{\sqrt[3]{1+x}-1}{x}$

（2）$\lim\limits_{x\to-1}\dfrac{3^{x+1}-(x+1)^3}{x+1}$

（3）$\lim\limits_{x\to\frac{\pi}{2}}(\sin x)^{\tan x}$

（4）$\lim\limits_{x\to+\infty}\left[\left(x^3-x^2+\dfrac{x}{2}\right)\mathrm{e}^{\frac{1}{x}}-\sqrt{x^6+1}\right]$

(5) $\lim\limits_{x\to\infty}\left(\dfrac{2x+3}{2x+1}\right)^{x+1}$

3. 求下列函数的导数.

(1) $y=\sqrt{x+\sqrt{x+\sqrt{x}}}$

(2) $y=\dfrac{\sqrt{x+2}(3-x)^4}{(x+1)^5}$

(3) $y=\dfrac{1+\sin x}{1+\cos x}$

(4) $y=x\cos2x\cos3x$

4. 求高阶导数.

(1) 已知 $y=x\sin bx$，求 $y^{(3)}$.

(2) 求 $y=x^4\cos7x$ 的 40 阶导数.

(3) 已知 $y=\sqrt{x\sin\sqrt{3^{e^x-\ln x}}}$，求 $y^{(3)}$.

5. 已知抛射体运动轨迹的参数方程为：

$$\begin{cases} x=v_1t \\ y=v_2t-\dfrac{1}{2}gt^2 \end{cases}$$

求抛射体在时刻 t 的运动速度的大小和方向.

6. 求下列参数方程所确定的函数的导数 $\dfrac{\mathrm{d}y}{\mathrm{d}x}$：

(1) $\begin{cases} x=1-t^2 \\ y=t-t^3 \end{cases}$

(2) $\begin{cases} x=\ln(1+t^2) \\ y=t-\arctan t \end{cases}$

7. 求由方程 $e^y+xy-e=0$ 所确定的隐函数的导数 $\dfrac{\mathrm{d}y}{\mathrm{d}x}$.

8. 求由方程 $y^5+2y-x-3x^7=0$ 所确定的隐函数在 $x=0$ 处的导数 $\dfrac{\mathrm{d}y}{\mathrm{d}x}\Big|_{x=0}$.

9. 求下列函数的 $\dfrac{\partial^2 z}{\partial x^2}$，$\dfrac{\partial^2 z}{\partial y^2}$ 和 $\dfrac{\partial^2 z}{\partial x\partial y}$：

(1) $z=\sin(xy)+\cos^2(xy)$

(2) $z=\ln\tan\dfrac{y}{x}$

(3) $z=\arctan\dfrac{x}{y}$

(4) $z=e^{-\left(\frac{1}{x}+\frac{1}{y}\right)}$

10. 求 gard $\dfrac{1}{x^2+y^2}$.

11. 设 $f(x,\ y,\ z)=x^2+y^2+z^2$，求 grad $f(1,\ -1,\ -2)$.

12. 求下列函数的极值：

(1) $f(x)=x^{\frac{2}{3}}(x^2-8)$

(2) $y=\arctan x-\dfrac{1}{2}\ln(1+x^2)$

(3) $f(x)=x^3-4x^2-3x$

(4) $y=e^x\cos x,\ x\in[0,\ 2\pi]$

(5) $f(x)=\dfrac{1}{x}\ln^2 x$

(6) $y=\dfrac{1+3x}{\sqrt{4+5x}}$

13. 设有质量为 5kg 的物体，置于水平面上，受力 F 的作用而开始移动（如图 7-18 所示）．设摩擦系数 $\mu=0.25$．问：力 F 与水平线的交角 α 为多少时，才可使力 F 的大小为最小？

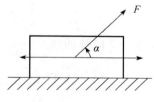

图 7-18　物体受力图

14. 求下列不定积分：

(1) $\displaystyle\int \frac{\sin x \cos x}{1+\sin^4 x}\mathrm{d}x$

(2) $\displaystyle\int \frac{x^2+7}{x^2-2x-3}\mathrm{d}x$

(3) $\displaystyle\int \frac{\arcsin x}{\sqrt{1-x}}\mathrm{d}x$

(4) $\displaystyle\int x\mathrm{e}^x \sin x\mathrm{d}x$

(5) $\displaystyle\int \frac{x^6+x^4-4x^2-2}{x^3(x^2+1)^2}\mathrm{d}x$

(6) $\displaystyle\int \frac{\mathrm{d}x}{\sqrt{x}\,(1+\sqrt[4]{x})^3}$

15. 求下列定积分：

(1) $\displaystyle\int_0^3 \frac{x\mathrm{d}x}{1+\sqrt{1+x}}$

(2) $\displaystyle\int_0^1 x^2(2-3x^2)^2\mathrm{d}x$

(3) $\displaystyle\int_0^{\frac{\pi}{2}} \sin^7 x\mathrm{d}x$

(4) $\displaystyle\int_0^{\frac{\pi}{2}} \sin 5x\cos 4x\mathrm{d}x$

(5) $\displaystyle\int_0^1 (1-x^2)^6\mathrm{d}x$

(6) $\displaystyle\int_0^{2\pi} x\cos^2 x\mathrm{d}x$

16. 讨论下列积分的收敛性：

(1) $\displaystyle\int_0^1 \frac{\sin x}{x^{\frac{3}{2}}}\mathrm{d}x$

(2) $\displaystyle\int_0^{\frac{\pi}{2}} \frac{\mathrm{d}x}{\sin^2 x\cos^2 x}$

17. 用三种方法求下列积分的数值解：

(1) $\displaystyle\int_0^3 \mathrm{e}^{-0.5x}\sin\left(x+\frac{\pi}{6}\right)\mathrm{d}x$

(2) $\displaystyle\int_0^\pi \frac{x\sin x}{1+\cos^2 x}\mathrm{d}x$

(3) $\displaystyle\int_1^{2.5} \mathrm{e}^{-x}\mathrm{d}x$

(4) $\displaystyle\int_{-2}^2 \frac{1}{\sqrt{2\pi}}\mathrm{e}^{-\frac{x^2}{2}}\mathrm{d}x$

(5) $\displaystyle\int_0^2 \mathrm{e}^{3x}\sin 2x\mathrm{d}x$

(6) $\displaystyle\int_{0.5}^1 \frac{\sin x}{x}\mathrm{d}x$

18. 用多种数值方法计算定积分 $\displaystyle\int_0^{\frac{\pi}{4}} \frac{1}{1-\sin x}\mathrm{d}x$，并与精确值 $\sqrt{2}$ 进行比较，观察不同方法相应的误差．

19. 分别求下列级数的前 15 项、前 40 项的部分和：

(1) $\displaystyle\sum_{n=1}^\infty \frac{1+n}{1+n^3}$

(2) $\displaystyle\sum_{n=1}^\infty \frac{1\times 3\times \cdots \times(2n-1)}{2\times 4\times \cdots \times(2n)}$

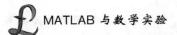

(3) $\sum\limits_{n=1}^{\infty} \dfrac{(-1)^{n-1}}{3^n}$

(4) $\sum\limits_{n=1}^{\infty} \dfrac{n!}{n^n}$

(5) $\sum\limits_{n=1}^{\infty} \dfrac{\ln n}{n^3}$

(6) $\sum\limits_{n=1}^{\infty} \cos\dfrac{1}{n}$

20. 判别下列级数的敛散性，如果收敛，求级数的和：

(1) $\sum\limits_{n=1}^{\infty} \dfrac{1}{n^{\frac{3}{2}}}$

(2) $\sum\limits_{n=1}^{\infty} \sin\dfrac{1}{n}$

(3) $\sum\limits_{n=1}^{\infty} \dfrac{1}{n^n}$

(4) $\sum\limits_{n=1}^{\infty} \sin\dfrac{\pi}{2^n}$

(5) $\sum\limits_{n=1}^{\infty} \dfrac{2^n \times n!}{n^n}$

(6) $\sum\limits_{n=1}^{\infty} \left(\dfrac{n}{3n-1}\right)^{2n-1}$

(7) $\sum\limits_{n=1}^{\infty} \left(\dfrac{n}{2n+1}\right)^n$

(8) $\sum\limits_{n=1}^{\infty} \dfrac{n^2}{3^n}$

21. 求函数 $f(x) = x^2 e^{-x}$ 在 $x = 0$ 处前 6 项的泰勒级数展开式.

22. 求函数 $f(x) = \sqrt[3]{x}$ 在 $x = 27$ 处前 4 项的泰勒级数展开式.

23. 求函数 $f(x) = \ln\dfrac{1+x}{1-x}$ 在 $x = 0$ 处前 7 项的泰勒级数展开式.

24. 求解微分方程 $y' = \dfrac{x\sin x}{\cos y}$.

25. 求解微分方程 $\dfrac{\mathrm{d}y}{\mathrm{d}x} = \dfrac{y}{x^2}$.

26. 用数值方法求解下列微分方程，用不同颜色和线形将 y 和 y' 画在同一个图形窗口里：
$$y'' - y' + y = 3\cos t$$
初始时间：$t_0 = 0$；终止时间：$t_f = 2\pi$；初始条件：$y\,|_{t=0} = 0$　$y'\,|_{t=0} = 0$.

27. 用数值方法求解下列微分方程，用不同颜色和线形将 y 和 y' 画在同一个图形窗口里：
$$y'' + ty' - y = 1 - 2t$$
初始时间：$t_0 = 0$；终止时间：$t_f = \pi$；初始条件：$y\,|_{t=0} = 0.1$　$y'\,|_{t=0} = 0.2$.

28. 用数值方法求解下列微分方程，用不同颜色和线形将 y 和 y' 画在同一个图形窗口里：
$$y'' - ty = \sin(2t)$$
初始时间：$t_0 = 0$；终止时间：$t_f = 3$；初始条件：$y\,|_{t=0} = 0$　$y'\,|_{t=0} = 0$.

29. 一根长 l 的细线，一端固定，另一端悬挂一个质量为 m 的小球，在重力作用下处于竖直的平衡位置，让小球偏离平衡位置一个小的角度 θ，小球沿圆弧摆动. 不计空气阻力，小球做周期一定的简谐振动. 试用数值方法分别在 $\theta = 10°$ 和 $\theta = 30°$ 两种情况下求解（设 $l = 25\text{cm}$），并画出 $\theta(t)$ 的图形.（提示：$ml\theta' = -mg\sin\theta$.）

概率统计相关运算

8.1 古典概型

古典概型中事件 A 发生的概率计算公式为：

$$P(A) = \frac{m}{n} = \frac{A \text{包含的样本点个数}}{\text{样本点总数}}$$

在计算样本点数时，常用到排列与组合的计算，下面分别给出相关的计算函数.

1）阶乘 $n!$ 的计算函数：prod(A)，其中 A 可以是数组或矩阵.

例 8-1 求 12!.

解 MATLAB 命令为：

```
prod(1:12)
```

运行结果为：

```
479001600.
```

2）排列 $P_n^r = \dfrac{n!}{(n-r)!}$，可构造函数 pailie(n，r). 编辑 pailie.m 文件：

```
function y = pailie(n,r)
    y = prod(1:n)/prod(1:(n-r))
```

例 8-2 求在 17 个元素中取 5 个的排列.

解 MATLAB 命令为：

```
pailie(17,5)
y = 742560
```

3）组合 $C_n^r = \dfrac{P_n^r}{r!}$，可构造函数 zuhe(n，r). 编辑 zuhe.m 文件：

```
function y = zuhe(n,r)
    y = pailie(n,r)/prod(1:r)
```

例 8-3 求在 50 个元素中取 2 个的组合.

解 MATLAB 命令为：

```
zuhe(50,2)
y = 1225
```

例 8-4 在 100 个人的团体中，如果不考虑年龄的差异，研究是否有两个以上的人生日相同. 假设每人的生日在一年 365 天中的任意一天是等可能的，那么随机找 n 个人（不超过 365

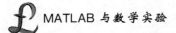

人）．求这 n 个人生日各不相同的概率是多少？从而求这 n 个人中至少有两个人生日相同这一随机事件发生的概率是多少？

分析　设事件 $A=\{n$ 个人生日各不相同$\}$，则

$$P(A) = \frac{365}{365} \times \frac{364}{365} \times \frac{363}{365} \times \cdots \times \frac{365-(n-1)}{365}$$

这 n 个人中至少有两个人生日相同这一随机事件发生的概率是 $1-P(A)$.

解　建立 M 命令文件：

```
for n = 1 : 100
    p0(n) = prod(365 : -1 : 365 - n + 1)/365.^n;
  p1(n) = 1 - p0(n);
 end
 n = 1 : 100;
plot(n,p0,n,p1,'-')
xlabel('人数'),ylabel('概率')
legend('生日各不相同的概率','至少两人相同的概率')
axis([0 100 -0.1 1.1]),grid on
```

运行结果为：

```
>> y = [p1(20),p1(30),p1(50),p1(60),p1(80),p1(100)]
 y =
        0.4114    0.7063    0.9704    0.9941    0.9999    1.0000
```

从图 8-1 可以看出，当团体人数达到 60 人时，至少两人相同的概率已很接近于 1.

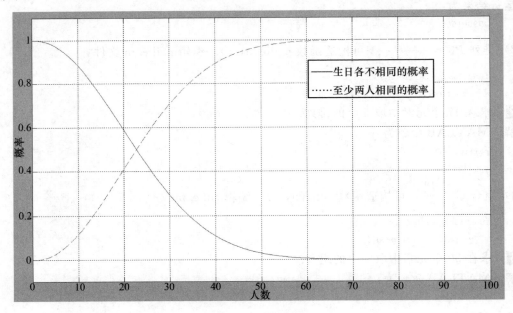

图 8-1　概率统计图

例 8-5　一盒中有 12 只产品，其中 8 只正品，4 只次品，任取 5 只，求恰有 2 只是次品的概率.

解　设事件 $A=\{$任取 5 只，恰有 2 只是次品$\}$，则

$$P(A) = \frac{m}{n} = \frac{C_8^3 C_4^2}{C_{12}^5},$$

MATLAB 命令为：

```
p = zuhe(8,3)* zuhe(4,2)/zuhe(12,5)
```

运行结果为：

```
p = 14/33
```

即恰有 2 只是次品的概率是 $\frac{14}{33}$.

例 8-6　参加比赛的 15 名选手中有 5 名种子选手，将 15 人按每 3 人一组随意分成 5 组，求每组各有一名种子选手的概率.

　　解法一　设 $A=\{$每组各有一名种子选手$\}$，将 15 人等分成 5 组，共有分法 $n =$ $\frac{15!}{3!\ 3!\ 3!\ 3!\ 3!}$，对事件 A 有利的分法是：先将 10 名非种子选手分成 5 组，然后将 5 名种子选手再分到各组一名，共有 $m = \frac{10!}{2!\ 2!\ 2!\ 2!\ 2!} 5!$ 种分法，则 $P(A) = \frac{m}{n}$.

MATLAB 命令为：

```
n = prod(1 : 15)/prod(1 : 3)^5;
m = prod(1 : 10)/prod(1 : 2)^5* prod(1 : 5);
p = m/n
```

运行结果为：

```
p =
      81/1001
```

　　解法二　设 $A_i=\{$第 i 组恰好有一名种子选手$\}$ $(i=1，2，3，4，5)$，则

$$P(A_1 A_2 A_3 A_4 A_5) = P(A_1)P(A_2 \mid A_1)P(A_3 \mid A_1 A_2)P(A_4 \mid A_1 A_2 A_3)P(A_5 \mid A_1 A_2 A_3 A_4)$$

$$= \frac{C_5^1 C_{10}^2}{C_{15}^3} \times \frac{C_4^1 C_8^2}{C_{12}^3} \times \frac{C_3^1 C_6^2}{C_9^3} \times \frac{C_2^1 C_4^2}{C_6^3} \times 1$$

MATLAB 命令为：

```
a = zuhe(5,1)* zuhe(10,2)/zuhe(15,3);
b = zuhe(4,1)* zuhe(8,2)/zuhe(12,3);
c = zuhe(3,1)* zuhe(6,2)/zuhe(9,3);
d = zuhe(2,1)* zuhe(4,2)/zuhe(6,3);
p = a* b* c* d
```

运行结果为：

```
p =
      81/1001
```

即每组各有一名种子选手的概率是 $\frac{81}{1001}$.

例 8-7　甲文具盒内有 2 支蓝色笔和 3 支黑色笔，乙文具盒内也有 2 支蓝色笔和 3 支黑色笔，现从甲文具盒内任取 2 支笔放入乙文具盒，然后再从乙文具盒中任取 2 支笔，求最后取出的 2

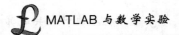

支笔都是黑色笔的概率.

解　设 $A_i=\{$从甲文具盒取出放入乙文具盒的黑色笔数$\}$，$i=0，1，2$，$B=\{$最后取出的 2 支笔都是黑色笔$\}$，则

$$P(A_0) = \frac{C_2^2 C_3^0}{C_5^2}, \qquad P(A_1) = \frac{C_2^1 C_3^1}{C_5^2}, \qquad P(A_2) = \frac{C_2^0 C_3^2}{C_5^2}$$

而

$$P(B \mid A_0) = \frac{C_4^0 C_3^2}{C_7^2}, \qquad P(B \mid A_1) = \frac{C_3^0 C_4^2}{C_7^2}, \qquad P(B \mid A_2) = \frac{C_2^0 C_5^2}{C_7^2}$$

因此 $P(B) = \sum\limits_{i=0}^{2} P(A_i)P(B \mid A_i).$

MATLAB 命令为：

```
a0 = zuhe(2,2) * zuhe(3,0)/zuhe(5,2);
a1 = zuhe(2,1) * zuhe(3,1)/zuhe(5,2);
a2 = zuhe(2,0) * zuhe(3,2)/zuhe(5,2);
b0 = zuhe(4,0) * zuhe(3,2)/zuhe(7,2);
b1 = zuhe(3,0) * zuhe(4,2)/zuhe(7,2);
b2 = zuhe(2,0) * zuhe(5,2)/zuhe(7,2);
b = a0 * b0 + a1 * b1 + a2 * b2
```

运行结果为：

```
b =
     23/70
```

因此，最后取出的 2 支笔都是黑色笔的概率是 $\frac{23}{70}$.

8.2　概率论相关运算与 MATLAB 实现

8.2.1　理论知识

1. 几个常用的离散型随机变量分布律

1）均匀分布列用下表描述：

X	x_1	x_2	$\cdots$	x_n
P	$1/n$	$1/n$	$\cdots$	$1/n$

2）二项分布列（$q=1-p$）用下表描述：

X	0	1	2	$\cdots$	k	$\cdots$	n
P	q^n	$C_n^1 p q^{n-1}$	$C_n^2 p^2 q^{n-2}$	$\cdots$	$C_n^k p^k q^{n-k}$	$\cdots$	p^n

3）泊松分布列用下表描述：

X	0	1	$\cdots$	k	$\cdots$
P	$e^{-\lambda}$	$\lambda e^{-\lambda}$	$\cdots$	$\frac{\lambda^k}{k!}e^{-\lambda}$	$\cdots$

4）几何分布列（$q=1-p$）用下表描述：

X	1	2	3	...	k	...
P	p	pq	pq^2	...	pq^{k-1}	...

2. 几个常用的连续型随机变量概率密度函数

1）均匀分布密度函数：

$$f(x) = \begin{cases} \dfrac{1}{b-a}, & a \leqslant x \leqslant b \\ 0, & \text{其他} \end{cases}$$

2）指数分布密度函数：

$$f(x) = \begin{cases} \lambda e^{-\lambda x}, & x > 0 \\ 0, & x \leqslant 0 \end{cases}$$

3）正态分布密度函数：

$$f(x) = \frac{1}{\sqrt{2\pi}\sigma} e^{-\frac{(x-\mu)^2}{2\sigma^2}} \quad (-\infty < x < +\infty)$$

当 $\mu=0$，$\sigma=1$ 时，称 X 服从标准正态分布，记作 $X \sim N(0,1)$ 它的分布函数记作

$$\Phi(x) = \frac{1}{\sqrt{2\pi}} \int_{-\infty}^{x} e^{-\frac{t^2}{2}} dt$$

4）χ^2 分布：若随机变量 X_1，X_2，$\cdots$，X_n 相互独立，且均服从标准正态分布，则 $Y = \sum_{i=1}^{n} X_i^2$ 服从自由度为 n 的 χ^2 分布，记作 $Y \sim \chi^2(n)$.

5）t 分布：若随机变量 $X \sim N(0,1)$，$Y \sim \chi^2(n)$，且它们相互独立，则称随机变量 $T = \dfrac{X}{\sqrt{Y/n}}$ 为服从自由度为 n 的 t 分布，记作 $T \sim t(n)$.

6）F 分布：若随机变量 $X \sim \chi^2(n_1)$，$Y \sim \chi^2(n_2)$ 且它们相互独立，则称随机变量 $F = \dfrac{X/n_1}{Y/n_2}$ 为服从第一自由度为 n_1，第二自由度为 n_2 的 F 分布，记作 $F \sim F(n_1, n_2)$.

3. 数学期望和方差

（1）数学期望

设离散型随机变量 X 的分布律为 $P\{X = x_k\} = p_k$，$(k=1, 2, \cdots)$，若级数 $\sum_{k=1}^{\infty} x_k p_k$ 绝对收敛，则称级数 $\sum_{k=1}^{\infty} x_k p_k$ 为随机变量 X 的数学期望，记为 $E(X)$，即 $E(X) = \sum_{k=1}^{\infty} x_k p_k$.

设连续型随机变量 X 的概率密度为 $f(x)$，若积分 $\int_{-\infty}^{+\infty} x f(x) dx$ 绝对收敛，则称积分 $\int_{-\infty}^{+\infty} x f(x) dx$ 的值为随机变量 X 的数学期望，记为 $E(X)$，即 $E(X) = \int_{-\infty}^{+\infty} x f(x) dx$，数学期望简称期望，又称均值.

(2) 方差

方差是用来度量随机变量 X 与其均值 $E(X)$ 的偏离程度的数字特征.

设 X 是一个随机变量,若 $E\{[X-E(X)]^2\}$ 存在,则称 $E\{[X-E(X)]^2\}$ 为 X 的方差,记为 $D(X)$ 或 $\mathrm{Var}(X)$,即

$$D(X) = \mathrm{Var}(X) = E\{[X-E(X)]^2\}$$

$\sqrt{D(X)}$ 记为 $\sigma(X)$,称为标准差或均方差.

对于离散型随机变量,有 $D(X) = \sum\limits_{k=1}^{\infty} [x_k - E(X)]^2 p_k$,其中 $P\{X=x_k\}=p_k$,$(k=1,\ 2,\ \cdots)$ 是 X 的分布律.

对于连续型随机变量,有 $D(X) = \int_{-\infty}^{+\infty} [x-E(X)]^2 f(x)\mathrm{d}x$,其中 $f(x)$ 是 X 的概率密度.

随机变量 X 的方差可按公式 $D(X) = E(X^2) - [E(X)]^2$ 计算.

表 8-1 列出 10 种常见分布的数学期望和方差.

表 8-1　常见概率分布的期望和方差

分　　布	参　数	分布律或概率密度	期　望	方　差
0-1 分布	$0<p<1$	$P\{X=k\}=p^k(1-p)^{1-k}$ 其中 $k=0,\ 1$	p	$p(1-p)$
二项分布	$n\geqslant 1$ $0<p<1$	$P\{X=k\}=C_n^k p^k(1-p)^{n-k}$ 其中 $k=0,\ 1,\ \cdots,\ n$	np	$np(1-p)$
几何分布	$0<p<1$	$P\{X=k\}=p(1-p)^{k-1}$ 其中 $k=1,\ 2,\ \cdots$	$\dfrac{1}{p}$	$\dfrac{1-p}{p^2}$
泊松分布	$\lambda>0$	$P\{X=k\}=\dfrac{\lambda^k e^{-\lambda}}{k!}$ 其中 $k=0,\ 1,\ \cdots$	λ	λ
均匀分布	$a<b$	$f(x)=\begin{cases}\dfrac{1}{b-a},& a<x<b\\ 0,& 其他\end{cases}$	$\dfrac{a+b}{2}$	$\dfrac{(b-a)^2}{12}$
正态分布	μ $\sigma>0$	$f(x)=\dfrac{1}{\sqrt{2\pi}\,\sigma}e^{-\frac{(x-\mu)^2}{2\sigma^2}}$	μ	σ^2
指数分布	$\theta>0$	$f(x)=\begin{cases}\dfrac{1}{\theta}e^{-x/\theta},& x>0\\ 0,& 其他\end{cases}$	θ	θ^2
χ^2 分布	$n\geqslant 1$	$f(x)=\begin{cases}\dfrac{1}{2^{n/2}\Gamma(n/2)}x^{n/2-1}e^{-x/2},& x>0\\ 0,& 其他\end{cases}$	n	$2n$
t 分布	$n\geqslant 1$	$f(x)=\dfrac{\Gamma\left(\dfrac{n+1}{2}\right)}{\sqrt{n\pi}\,\Gamma(n/2)}\left(1+\dfrac{x^2}{n}\right)^{-(n+1)/2}$	$0,\ n>1$	$\dfrac{n}{n-2},\ n>2$
F 分布	$n_1,\ n_2$	$f(x)=\begin{cases}\dfrac{\Gamma[(n_1+n_2)/2]}{\Gamma(n_1/2)\Gamma(n_2/2)}\left(\dfrac{n_1}{n_2}\right)\left(\dfrac{n_1}{n_2}x\right)^{(n_1+n_2)/2}\cdot\\ \left(1+\dfrac{n_1}{n_2}x\right)^{-(n_1+n_2)/2},\ x>0\\ 0,& 其他\end{cases}$	$\dfrac{n_2}{n_2-2}$, $n_2>2$	$\dfrac{2n_2^2(n_1+n_2-2)}{n_1(n_2-2)^2(n_2-4)}$, $n_2>4$

8.2.2 相关的 MATLAB 命令

MATLAB 统计工具箱中提供约 20 种概率分布，上面介绍的 10 种分布的命令字符及每一种分布的 5 类运算功能的字符见表 8-2 和表 8-3.

表 8-2 概率分布的命令字符

分布	离散型随机变量				连续型随机变量					
	均匀分布	二项分布	泊松分布	几何分布	均匀分布	指数分布	正态分布	χ^2 分布	t 分布	F 分布
字符	unid	bino	poiss	geo	unif	exp	norm	chi2	t	f

表 8-3 运算功能的命令字符

功能	概率密度	分布函数	逆概率分布	均值与方差	随机数生成
字符	pdf	cdf	inv	stat	rnd

当需要某一分布的某类运算功能时，将分布字符与功能字符连接起来，就得到所要的命令，下面用例子说明.

逆概率分布是分布函数 $F(x)$ 的反函数，即给定概率 α，求满足 $\alpha = F(x_a) = \int_{-\infty}^{x_a} \alpha f(x) \mathrm{d}x$ 的 x_a. x_a 称为该分布的 α 分位数. 例如：

- **y = norminv(0.7734, 0, 2)** 概率 $\alpha = 0.7734$ 的 $N(0, 2^2)$ α 分位数 y. 得到 $y = 1.5002$.
- **y = tinv([0.3, 0.999], 10)** 概率 $\alpha = 0.3$，0.999 的 t 分布（自由度 $n = 10$）α 分位数 y. 得到 $y = -0.5415$　4.1437.

例 8-8 求 X 取值为 1，2，3，4，5 且服从均匀分布的分布律.

解 MATLAB 命令为：
```
X = 1 : 5,N = 5;
Y = unidpdf(X,N)
```
运行结果为：
```
X = 1        2        3        4        5
Y = 0.2000   0.2000   0.2000   0.2000   0.2000
```

例 8-9 求 X 取值为 0，3，6，8，11，13 时服从二项分布 $b(X; 15, 0.4)$ 的概率值.

解 MATLAB 命令为：
```
X = [0  3  6  8  11  13],N = 15;P = 0.4;
Y = binopdf(X,N,P)
```
运行结果为：
```
X = 0        3        6        8        11       13
Y = 0.0005   0.0634   0.2066   0.1181   0.0074   0.0003
```

例 8-10 求 X 取值为 1，3，5，7，9，$\lambda = 3$ 时服从泊松分布的概率值.

解 MATLAB 命令为：
```
X = 1 : 2 : 9
Y = poisspdf(X,3)
```
运行结果为：
```
X = 1        3        5        7        9
Y = 0.1494   0.2240   0.1008   0.0216   0.0027
```

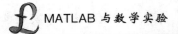

例 8-11　求 X 取值为 2，4，6，8，10，$p=0.1$ 时服从几何分布的概率值.

解　MATLAB 命令为：

```
X = 2 : 2 : 10, p = 0.1;
Y = geopdf(X,p)
```

运行结果为：

```
X = 2        4        6        8        10
Y = 0.0810   0.0656   0.0531   0.0430   0.0349
```

例 8-12　若某种药物的临床有效率为 0.95，现有 10 人服用，问至少 8 人治愈的概率是多少？

解　设随机变量 X 为 10 人中被治愈的人数，则 X 服从二项分布，所求概率为

$$P\{X \geqslant 8\} = \sum_{i=8}^{10} P(X = i) = \sum_{i=8}^{10} C_{10}^{i} (0.95)^{i} (1 - 0.95)^{10-i}$$

MATLAB 命令为：

```
p = 0;
for i = 8:10
p = p + binopdf(i,10,0.95);
end
disp('至少8人治愈的概率是:'),p
```

运行结果为：

```
至少8人治愈的概率是:
p =
    0.988496442620703
```

例 8-13　设有 80 台同类型设备，各台工作是相互独立的，发生故障的概率都是 0.01，且一台设备的故障能由一个人处理. 考虑下面两种配备维修工人的方法：一是由 4 人维护，每人负责 20 台；二是由 3 人共同维护 80 台. 试比较这两种方法在设备发生故障时不能及时维修的概率的大小.

解　按第一种方法. 以 X 记"第一人维护的 20 台设备中同一时刻发生故障的台数"，以 A_i（$i=1$，2，3，4）表示事件"第 i 人维护的 20 台设备中发生故障不能及时维修"，则知 80 台中发生故障而不能及时维修的概率为

$$P(A_1 \bigcup A_2 \bigcup A_3 \bigcup A_4) \geqslant P(A_1) = P\{X \geqslant 2\}$$

而 $X \sim b(20，0.01)$ 故有

$$P\{X \geqslant 2\} = 1 - \sum_{k=0}^{1} P\{X = k\} = 1 - \sum_{k=0}^{1} C_{20}^{k} (0.01)^{k} (0.99)^{20-k}$$

MATLAB 命令为：

```
1 - binopdf(0,20,0.01) - binopdf(1,20,0.01)
```

运行结果为

```
ans =
    0.0169
```

因此，按第一种方法，80 台设备中发生故障而不能及时维修的概率不小于 0.0169.

按第二种方法. 以 Y 记"80 台设备中同一时刻发生故障的台数"，则 $Y \sim b(80，0.01)$，故 80 台中发生故障而不能及时维修的概率为

$$P\{Y \geqslant 4\} = 1 - \sum_{k=0}^{3} C_{80}^{k} (0.01)^{k} (0.99)^{80-k}$$

MATLAB 命令为：

```
p = 1;
for i = 0:3
    p = p - binopdf(i,80,0.01);
end
 p
```

运行结果为

```
p =
      0.0087
```

因此，按第二种方法，80 台设备中发生故障而不能及时维修的概率为 0.0087.

我们发现，在后一种情况尽管任务重了（每人平均维护约 27 台），但工作效率不仅没有降低，反而提高了.

例 8-14　分别在同一张图上作出：

1）正态分布 $N(0, 0.4^2)$，$N(0, 1^2)$，$N(-2, 2^2)$，$N(1, 2^2)$ 的概率密度图.

2）$\chi_1^2 \sim \chi^2(4)$ 和 $\chi_2^2 \sim \chi^2(9)$ 分布的概率密度图.

3）$T_1 \sim t(6)$，$T_2 \sim t(40)$，$X \sim N(0, 1)$ 分布的概率密度图.

4）$F_1 \sim F(4, 1)$，$F_2 \sim F(4, 9)$，$F_3 \sim F(9, 4)$，$F_4 \sim F(9, 1)$ 分布的概率密度图.

解　1）MATLAB 命令为：

```
x = -5:0.1:5;
p1 = normpdf(x,0,0.4);p2 = normpdf(x,0,1);
p3 = normpdf(x,-2,2);p4 = normpdf(x,1,2);
figure(1),plot(x,p1,x,p2,x,p3,x,p4)
```

运行结果如图 8-2 所示.

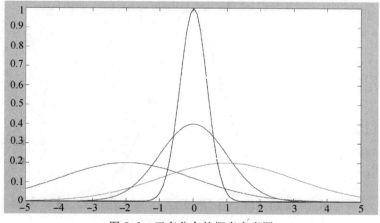

图 8-2　正态分布的概率密度图

比较图 8-2 中 4 条曲线，观察参数 mu 及参数 sigma 的意义是什么？

2）MATLAB 命令为：

```
x = 0:0.1:25;
p1 = chi2pdf(x,4);p2 = chi2pdf(x,9);
```

```
figure(1),plot(x,p1,x,p2)
```

运行结果如图 8-3 所示.

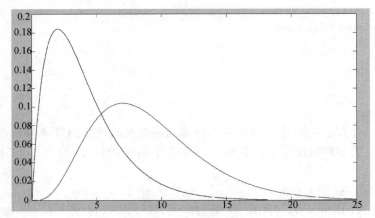

图 8-3 χ^2 分布的概率密度图

$Y \sim \chi^2(n)$ 分布的数学期望 $EY=n$，方差 $DY=2n$. 当自由度 n 增大时，数学期望、方差均增大，因此概率密度曲线向右移动，且变平.

3）MATLAB 命令为：

```
x = -5 : 0.1 : 5;
p1 = tpdf(x,6);p2 = tpdf(x,40);
p3 = normpdf(x,0,1);
 figure(1),plot(x,p1,x,p2,x,p3)
```

运行结果如图 8-4 所示.

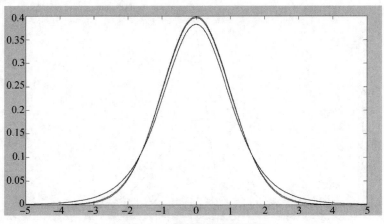

图 8-4 t 分布的概率密度图

在图 8-4 中，按概率密度曲线，其峰值由小到大依次是 $t(6)$，$t(40)$，$N(0，1)$. 图 8-4 从直观上验证了统计理论中的结论：当 $n \to \infty$ 时，$T \sim t(n) \to N(0，1)$. 实际上从图 8-4 可见，当 $n \geqslant 30$ 时，它与 $N(0，1)$ 就相差无几了.

4）MATLAB 命令为：

```
x = 0 : 0.01 : 5;
p1 = fpdf(x,4,1);p2 = fpdf(x,4,9);
p3 = fpdf(x,9,4);p4 = fpdf(x,9,1);
figure(1),plot(x,p1,x,p2,x,p3,x,p4)
```

运行结果如图 8-5 所示.

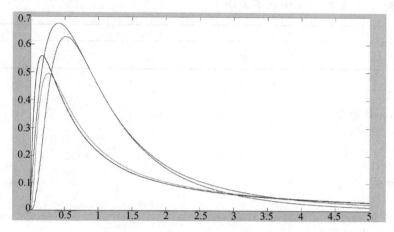

图 8-5 F 分布的概率密度图

例 8-15 求出二项分布的期望与方差:

1) $n=2009$, $p=0.1$.

2) $n=[2, 4, 6, 8, 10, 12]$, $p=0.2$.

解 1) MATLAB 命令为:

```
[E,D] = binostat(2009,0.1)
```

运行结果为:

```
E =
  200.9000
D =
  180.8100
```

所以期望是 200.9000, 方差是 180.8100.

2) MATLAB 命令为:

```
[E,D] = binostat(2 : 2 : 12,0.2)
```

运行结果为:

```
E =
   0.4000    0.8000    1.2000    1.6000    2.0000    2.4000
D =
   0.3200    0.6400    0.9600    1.2800    1.6000    1.9200
```

例 8-16 求 $\theta=[1, 3, 5, 7, 9]$ 的指数分布的期望与方差.

解 MATLAB 命令为:

```
[E,D] = expstat(1 : 2 : 9)
```

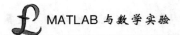

运行结果为：
```
E =
      1      3      5      7      9
D =
      1      9     25     49     81
```

例 8-17 设随机变量 X 的分布律如下表所示：

X	10	30	50	70	90
P_k	$\dfrac{1}{2}$	$\dfrac{1}{3}$	$\dfrac{1}{36}$	$\dfrac{1}{12}$	$\dfrac{1}{18}$

求 X 的期望.

解 MATLAB 命令为：
```
x = [10,30,50,70,90];
p = [1/2,1/3,1/36,1/12,1/18];
EX = sum(x. * p)
```
运行结果为：
```
EX =
      27.2222
```
所以随机变量 X 的期望是 27.2222.

例 8-18 设随机变量 X 的概率密度为：

$$f(x) = \begin{cases} \dfrac{1}{2}\cos\dfrac{x}{2}, & 0 \leqslant x \leqslant \pi \\ 0, & \text{其他} \end{cases}$$

求随机变量 X 的期望和方差.

解 MATLAB 命令为：
```
syms  x;
fx = 1/2 * cos(x/2);
EX = int(x * fx,x,0,pi)
E2X = int(x^2 * fx,x,0,pi);
DX = E2X - EX^2
```
运行结果为：
```
EX =
 - 2 + pi
 DX =
 - 8 + pi^2 - ( - 2 + pi)^2
```
所以随机变量 X 的期望是 $-2+\pi$，方差是 $-8+\pi^2-(-2+\pi)^2$.

8.3 统计作图

8.3.1 频数直方图

将数据的取值范围等分为若干个小区间，以每一个小区间为底，以落在这个区间内数据的个数（频数）为高作小矩形，这若干个小矩形组成的图形称为频数直方图. 用MATLAB软件作频数直方图，首先将数据按行或列写入一个数据文件备用，然后用 hist 函数作出图形.

hist(s, k) s 表示数组（行或列），k 表示将以数组 s 的最大值和最小值为端点的区间等

分为 k 份．hist(s，k) 可以绘制出以每个小区间为底，以这个小区间的频数为高的小矩形组成的直方图．

例 8-19 某班（共有 120 名学生）的高等数学成绩如下：

74	63	78	76	89	56	70	97	89	94	76	88
65	83	72	41	39	72	73	68	14	76	45	70
90	46	54	61	75	76	49	57	78	66	64	74
78	87	86	73	47	67	21	66	79	67	68	65
56	84	66	73	68	72	76	65	70	94	53	65
77	78	53	74	59	50	98	67	78	78	63	92
54	87	84	80	63	64	85	66	69	69	60	54
75	33	30	62	74	65	84	73	55	85	75	76
81	71	83	72	56	84	76	75	67	65	35	94
59	47	45	67	75	36	78	82	94	70	84	75

根据以上数据作出该门课程成绩的频数直方图．

解 将以上数据以一列的形式存为 A.txt 文件，利用

```
load A.txt
```

命令读入数据．

把以数据的最大值和最小值为端点的区间等分为 10 等份、12 等份、20 等份，分别作频数直方图，MATLAB 命令如下：

```
figure(1)
hist(A,10)
figure(2)
hist(A,12)
figure(3)
hist(A,20)
```

运行结果分别如图 8-6、图 8-7 和图 8-8 所示．

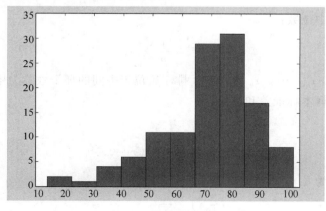

图 8-6 10 等份频数直方图

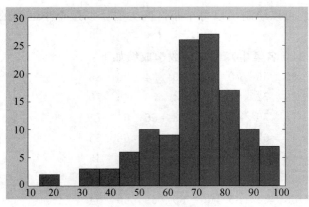

图 8-7　12 等份频数直方图

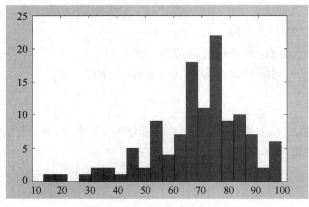

图 8-8　20 等份频数直方图

由图 8-6、图 8-7 和图 8-8 可见，k 的大小要根据数据的取值范围而定．为了更清楚地反映出总体 X 的特性，通常每个小区间至少包含 2~4 个数据．

8.3.2　统计量

1）样本均值和中位数：

$$\overline{x} = \frac{1}{n}\sum_{i=1}^{n}x_i$$

为样本均值，将 x_1，x_2，$\cdots$，x_n 由小到大排序后位于中间的那个数称为中位数．

2）样本方差、样本标准差和极差：

- 样本方差为

$$S^2 = \frac{1}{n-1}\sum_{i=1}^{n}(x_i - \overline{x})^2$$

- 样本标准差为

$$S = \left[\frac{1}{n-1}\sum_{i=1}^{n}(x_i - \overline{x})^2\right]^{1/2}$$

- 极差为

$$R = \max\{x_1, x_2, \cdots, x_n\} - \min\{x_1, x_2, \cdots, x_n\}.$$

常用的计算统计量的函数如表 8-4 所示.

表 8-4　常用的计算统计量的函数

函　　数	功能及格式
mean(x)	求 x 阵列的均值，格式：M＝mean(x)
median(x)	求 x 阵列的中位数，格式：M＝median(x)
range(x)	求 x 阵列的极差，格式：R＝range(x)
var(x)	求 x 阵列的方差，格式：V＝var(x)
std(x)	求 x 阵列的标准差，格式：S＝std(x)

例 8-20　求例 8-19 中 A 的均值、中位数、极差、方差和标准差.

　解　在命令窗口输入：

```
M = [mean(A),median(A),range(A),var(A),std(A)]
M = 68.9583   71.5000   84.0000   249.5697   15.7978
```

均值和中位数表示数据分布的位置；方差、标准差和极差表示数据对均值的离散程度.

8.4　参数估计

8.4.1　理论知识

在实际问题中，常常知道总体 X 的分布类型，但是不知道其中的某些参数. 在另外一些问题中，甚至对总体的分布类型都不关心，感兴趣的仅是它的某些特征参数，这时都要求用总体的一个样本来估计总体的未知参数，这就是参数估计问题. 参数估计问题分为点估计和区间估计.

点估计是用某一函数值作为总体未知参数的估计值. 点估计分为矩估计和极大似然估计.

（1）矩估计法

矩估计法是以样本矩作为相应的总体矩的估计，具体做法是：设总体 X 具有 k 阶矩，以 α_l 记其 l 阶原点矩，即

$$\alpha_l(\theta_1, \theta_2, \cdots, \theta_k) = E(X^l), \quad l = 1, 2, \cdots, k$$

若样本的 l 阶原点矩为

$$A_l = \frac{1}{n} \sum_{i=1}^{n} X_i^l, \quad l = 1, 2, \cdots, k$$

当有 k 个未知参数时用前 k 阶原点矩得到方程

$$\alpha_l(\theta_1, \theta_2, \cdots, \theta_k) = A_l, \quad l = 1, 2, \cdots, k$$

从这 k 个方程解得 k 个未知数 $\hat{\theta}_1, \hat{\theta}_2, \cdots, \hat{\theta}_k$，称为矩估计量.

例 8-21　随机地取 8 只活塞，测得它们的直径（以 mm 计）为：

74.001　74.005　74.003　74.001　74.000　73.998　74.006　74.002

试求总体均值 μ 及方差 σ^2 的矩估计值.

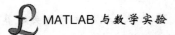

解   求总体均值 μ 的函数文件如下：

```
% mu. m
function y = mu(X)
n = length(X);
s = sum(X);
y = s/n;
```

求总体方差 σ^2 的函数文件如下：

```
% sigma2. m
function y = sigma2(X)
Y = X - mu(X);
Y2 = Y. * Y;
n = length(X);
s = sum(Y2);
y = s/n;
```

主程序如下：

```
% main. m
X = [74.001,74.005,74.003,74.001,74.000,73.998,74.006,74.002];
mu = mu(X)
sig = sigma2(X)
```

运行结果如下：

```
mu =
    74.0020
sig =
    6.0000e - 006
```

由此可知，总体均值 μ 的矩估计值为 74.002，总体方差 σ^2 的矩估计值为 6×10^{-6}．

（2）极大似然估计

设总体 X 服从分布 $p(x; \theta_1, \theta_2, \cdots, \theta_k)$（当 X 是连续型随机变量时为概率密度，当 X 为离散型随机变量时为分布律），$\theta_1, \theta_2, \cdots, \theta_k$ 为未知参数，$X_1, X_2, \cdots, X_n$ 为总体 X 的一个简单随机样本，其观察值为 $x_1, x_2, \cdots, x_n$，则

$$L(\theta_1, \theta_2, \cdots, \theta_k) = L(x_1, x_2, \cdots, x_n; \theta_1, \theta_2, \cdots, \theta_k)$$

$$= \prod_{i=1}^{n} p(x_i; \theta_1, \theta_2, \cdots, \theta_k)$$

看做参数 $\theta_1, \theta_2, \cdots, \theta_k$ 的函数时称为似然函数．当选取 $\hat{\theta} = (\hat{\theta}_1, \hat{\theta}_2, \cdots, \hat{\theta}_k)$ 作为 $\theta = (\theta_1, \theta_2, \cdots, \theta_k)$ 的估计时，使得

$$L(\hat{\theta}) = \max_{\theta \in \Theta} L(\theta)$$

则称 $\hat{\theta}$ 为 θ 的极大似然估计．

2. 参数的区间估计

设总体 X 的分布函数族为 $\{F(x; \theta), \theta \in \Theta\}$．对于给定值 $\alpha (0 < \alpha < 1)$，如果有两个统计量 $\hat{\theta}_1 = \hat{\theta}_1(X_1, X_2, \cdots, X_n)$ 和 $\hat{\theta}_2 = \hat{\theta}_2(X_1, X_2, \cdots, X_n)$，使

$$P\{\hat{\theta}_1 < \theta < \hat{\theta}_2\} = 1-\alpha$$

对一切 $\theta \in \Theta$ 成立，则称随机区间（$\hat{\theta}_1$，$\hat{\theta}_2$）是参数 θ 的置信度为 $1-\alpha$ 的置信区间，$\hat{\theta}_1$，$\hat{\theta}_2$ 分别称为置信下限和置信上限．总之，置信区间是随机区间（$\hat{\theta}_1$，$\hat{\theta}_2$）将以概率 $1-\alpha$ 覆盖参数 θ．

8.4.2　参数估计的 MATLAB 实现

参数估计的 MATLAB 函数如表 8-5 所示。

表 8-5　参数估计的 MATLAB 函数

函　数	功　能
［mu，sigma，muci，sigmaci］＝normfit（x，alpha）	正态总体的均值、标准差的极大似然估计 mu 和 sigma，返回在显著性水平 alpha 下的均值、标准差的置信区间 muci 和 sigmaci，x 是样本（数组或矩阵），alpha 默认设定为 0.05
［mu，muci］＝expfit（x，alpha）	指数分布的极大似然估计，返回显著性水平 alpha 下的置信区间 muci，x 是样本（数组或矩阵），alpha 默认设定为 0.05
［a，b，aci，bci］＝unifit（x，alpha）	均匀分布的极大似然估计，返回显著性水平 alpha 下的置信区间 aci，bci，x 是样本（数组或矩阵），alpha 默认设定为 0.05
［p，pci］＝binofit（x，n，alpha）	二项分布的极大似然估计，返回在显著性水平 alpha 下的置信区间 pci，x 是样本（数组或矩阵），alpha 默认设定为 0.05
［lambda，lambdaci］＝poissfit（x，alpha）	泊松分布的极大似然估计，返回显著性水平 alpha 下的置信区间 lambdaci，x 是样本（数组或矩阵），alpha 默认设定为 0.05

例 8-22　某厂生产的瓶装运动饮料的体积假定服从正态分布，抽取 10 瓶，测得体积（mL）为：

595，602，610，585，618，615，605，620，600，606

求均值 μ、标准差 σ 的极大似然估计值及置信水平为 0.90 的置信区间．

解　MATLAB 命令为：

```
x=［595 602 610 585 618 615 605 620 600 606］;
［mu,sigma,muci,sigmaci］=normfit(x,0.90)
```

运行结果为：

```
mu =
    605.6000
sigma =
     10.8033
muci =
    605.1584
    606.0416
sigmaci =
     10.8864
     11.5724
```

置信水平为 0.90 时，均值及标准差的极大似然估计值分别是 $\hat{\mu}=605.6000$，$\hat{\sigma}=10.8033$，均值及标准差的置信区间分别为（605.1584，606.0416）和（10.8864，11.5724）．

8.5　假设检验

8.5.1　理论知识

假设检验是另一种有重要理论和应用价值的统计推断形式．它的基本任务是，在总体的分布函数完全未知或只知其形式但不知其参数的情况下，为了推断总体的某些性质，首先提出某些关于总体的假设，然后根据样本所提供的信息，对所提假设做出"是"或"否"的结论性判断．假设检验分为参数假设检验和非参数假设检验，我们只讨论参数假设检验，例如，假定总体服从正态分布 $N(\mu, \sigma^2)$，其中参数 μ 和 σ^2 未知，是关于 μ 和 σ^2 的假设检验．

在假设检验问题中，首先要提出原假设 H_0 和备择假设 H_1，以单个正态总体均值和方差的假设检验为例，原假设和备择假设主要有以下几种形式：

1）单个正态总体均值的假设检验：

- 双侧检验：$H_0: \mu = \mu_0$，$H_1: \mu \neq \mu_0$．
- 左侧检验：$H_0: \mu \geq \mu_0$，$H_1: \mu < \mu_0$．
- 右侧检验：$H_0: \mu \leq \mu_0$，$H_1: \mu > \mu_0$．

2）单个正态总体方差的假设检验：

- 双侧检验：$H_0: \sigma^2 = \sigma_0^2$，$H_1: \sigma^2 \neq \sigma_0^2$．
- 左侧检验：$H_0: \sigma^2 \geq \sigma_0^2$，$H_1: \sigma^2 < \sigma_0^2$．
- 右侧检验：$H_0: \sigma^2 \leq \sigma_0^2$，$H_1: \sigma^2 > \sigma_0^2$．

对原假设作出判断时，实际上是运用了小概率原理．小概率原理是指"在一次试验中，小概率事件实际上是不可能发生的"，也称为小概率事件实际不可能性原理．假设检验中使用的推理方法是一种"反证法"，在原假设 H_0 正确的前提下，根据样本观察值和运用统计分析方法检验由此导致什么结果发生．如果导致小概率事件在一次试验中发生了，则认为原假设可能不正确，从而拒绝原假设；反之，如果未导致小概率事件发生，则没有理由拒绝原假设．例如，利用标准正态分布的统计量 $U \sim N(0, 1)$ 构造小概率事件 $\{|u| > u_{\alpha/2}\}$ 使 $P\{|u| > u_{\alpha/2}\} = \alpha$，如图 8-9 所示，称这种检验法为双侧 U 检验法．若构造小概率事件为 $\{u < -u_\alpha\}$，使 $P\{u < -u_\alpha\} = \alpha$，如图 8-10 所示，则称为左侧 U 检验法．类似可定义右侧 U 检验法．

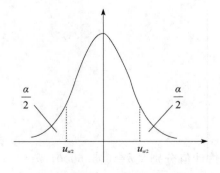

图 8-9　双侧 U 检验法示意图

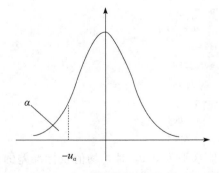

图 8-10　左侧 U 检验法示意图

8.5.2　参数假设检验的 MATLAB 实现

1. 单个正态总体均值的假设检验

当总体方差 σ^2 已知时，均值的检验用 U 检验法，在 MATLAB 中由函数 ztest 来实现，命令为：

$$[\text{h,p,ci}] = \text{ztest(x,mu,sigma,alpha,tail)}$$

其中输入参数 x 是样本（数组或矩阵）；mu 是原假设 H_0 中的 μ_0；sigma 是总体标准差 σ；alpha 是显著性水平 α；tail 是对备择假设 H_1 的选择.

原假设 H_0：$\mu = \mu_0$：当 tail ＝ 0 时，备择假设 H_1：$\mu \neq \mu_0$；当 tail ＝ 1 时，备择假设 H_1：$\mu > \mu_0$；当 tail ＝ －1 时，备择假设 H_1：$\mu < \mu_0$. 输出参数 h＝0 表示"在显著性水平 alpha的情况下，接受 H_0"；输出参数 h＝1 表示"在显著性水平 alpha 的情况下，拒绝 H_0".

总体方差 σ^2 未知时，均值的检验用 t 检验法，在 MATLAB 中由函数 ttest 来实现，命令为：

$$[\text{h,p,ci}] = \text{ttest(x,mu,alpha,tail)}$$

与上面的函数 ztest 比较，除了不需要输入总体的标准差外，其余完全一样.

例 8-23　在某粮店的一批大米中，随机地抽测 6 袋，其重量（kg）为 26.1，23.6，25.1，25.4，23.7，24.5. 设每袋大米的重量 $X \sim N(\mu, 0.1)$ 问能否认为这批大米的袋重是 25kg（$\alpha = 0.01$）？

解　原假设

$$H_0 : \mu = 25, H_1 : \mu \neq 25$$

用双侧 U 检验法，已知 $\sigma = 0.316$，$\alpha = 0.01$. MATLAB 命令为：

```
x = [26.1  23.6  25.1  25.4  23.7  24.5];
[h,p,ci] = ztest(x,25,0.316,0.01,0)
```

运行结果为：

```
h =
     0
p =
     0.0387
ci =
     24.4010   25.0656
```

从输出结果来看，h＝0 接受 H_0.

当取 $\alpha = 0.1$ 时，MATLAB 命令为：

```
[h,p,ci] = ztest(x,25,0.316,0.1,0)
```

运行结果为：

```
h =
    1
p =
    0.0387
ci =
    24.5211   24.9455
```

从输出结果来看，h＝1 拒绝 H_0.

2. 单个正态总体方差的假设检验

设总体 $X \sim N(\mu, \sigma^2)$，$X_1, X_2, \cdots, X_n$ 是取自总体 X 的一个简单随机样本，$x_1, x_2, \cdots, x_n$ 是相应的一个样本观测值.

检验假设 $H_0 : \sigma^2 = \sigma_0^2$，$H_0 : \sigma^2 \neq \sigma_0^2$ 需要编写一个简单的小程序：

```
X = [X₁, X₂, …, Xₙ];
chi2 = (n-1) * var(x)/sigma^2;
u1 = chi2inv(alpha/2,n-1)
u2 = chi2inv(1-alpha/2,n-1)
if  chi2<u1
    h = 1
elseif  chi2>u2
    h = 1
else
    h = 0
end
```

其中函数 x＝chi2inv(p，n) 是求 $X \sim \chi^2(n)$ 时 $P\{X < x\} = p$ 中的 x，即 χ^2 分布的逆概率函数.

例 8-24　例 8-23 中能否认为每袋大米质量的标准差 $\sigma = 0.316(\text{kg})$？

解　MATLAB 命令为：

```
x = [26.1  23.6  25.1  25.4  23.7  24.5];
chi2 = 5 * var(x)/0.1
u1 = chi2inv(0.01/2,5)
u2 = chi2inv(1-0.01/2,5)
if chi2<u1
    h = 1
elseif chi2>u2
    h = 1
else
    h = 0
end
```

运行结果为：

```
chi2 =
    48.5333
u1 =
    0.4117
u2 =
    16.7496
h =
    1
```

由输出结果知，每袋大米质量的方差不等于 0.1.

3. 两个正态总体均值的假设检验

设总体 $X \sim N = (\mu_1, \sigma_0^2)$，$Y \sim N(\mu_2, \sigma_0^2)$，通常需要检验两个总体均值是否相等或不等关系. 以检验假设 $H_0: \mu_1 = \mu_2$，$H_1: \mu_1 \neq \mu_2$ 为例. 此检验由函数 ttest2 来实现，命令为：

[h,p,ci] = ttest2(x,y,alpha,tail)

例 8-25 某卷烟厂生产甲、乙两种香烟，分别对它们的尼古丁含量（mg）进行 6 次测定，得样本观测值为：

甲：25　28　23　26　29　22

乙：28　23　30　25　21　27

试问：这两种香烟的尼古丁含量有无显著差异（$\alpha = 0.05$ 假定这两种香烟的尼古丁含量都服从正态分布，且方差相等）？

解 检验假设 $H_0: \mu_1 = \mu_2$，$H_1: \mu_1 \neq \mu_2$. MATLAB 命令为：

```
x=[25  28  23  26  29  22];
y=[28  23  30  25  21  27];
[h,p,ci] = ttest2(x,y,0.05,0)
```

运行结果为：

```
h =
    0
p =
    0.9264
ci =
    - 4.0862   3.7529
```

由输出结果可知，接受 H_0，在显著性水平 0.05 下，认为两种香烟的尼古丁含量没有显著差异. 两个正态总体方差的假设检验与单个正态总体方差的假设检验类似，请读者自己完成.

 ## 习题

1. 在一标准英语字典中有 55 个由两个不相同的字母所组成的单词. 若从 26 个英文字母中任取两个字母予以排列，求能排成上述单词的概率.

2. 将 3 个球随机地放入 4 个杯子中，求杯子中球的最大个数分别为 1、2、3 的概率.

3. 第一个盒子装有 5 只红球，4 只白球；第二个盒子装有 4 只红球，5 只白球. 先从第一个盒子中任取 2 只球放入第二个盒子中，然后从第二个盒子中任取一只球. 求取到白球的概率.

4. 已知男子有 5% 是色盲患者，女子有 0.25% 是色盲患者，今从男女人数相等的人群中随机地挑选一人，恰好是色盲患者，问：此人是男性的概率是多少？

5. 一学生宿舍有 6 名学生，问：

(1) 6 个人的生日都在星期天的概率是多少？

(2) 6 个人的生日都不在星期天的概率是多少？

(3) 6 个人的生日不都在星期天的概率是多少？

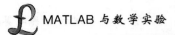

6. 设有一批产品，共有 1000 件，已知该批产品的次品率为 1%，那么随机抽取 150 件作检验，这中间次品不超过 2 件的概率有多大？

7. 分别绘制出 $\lambda=1$，2，5，10，15 时，泊松分布的概率密度和分布函数曲线.

8. 分别绘制 (μ, σ^2) 为 $(-1, 1)$，$(0, 0.1)$，$(0, 1)$，$(0, 10)$，$(1, 1)$ 时，正态分布的概率密度和分布函数曲线.

9. 分别绘制 $n=2$，3，4，5，6 时，χ^2 分布的概率密度和分布函数曲线.

10. 分别绘制 $n=3$，5，11 时，t 分布的概率密度和分布函数曲线.

11. 分别绘制 (n_1, n_2) 为 $(1, 1)$，$(1, 2)$，$(1, 3)$，$(2, 3)$，$(1, 4)$ 时，F 分布的概率密度和分布函数曲线.

12. 设随机变量 X 的分布律如下：

X	-1	0	2	3
P_k	$\frac{1}{8}$	$\frac{1}{4}$	$\frac{3}{8}$	$\frac{1}{4}$

求 X 的期望.

13. 设随机变量 X 的概率密度为

$$f(x) = \begin{cases} \dfrac{2}{\pi}\cos 2x, & |x| \leqslant \dfrac{\pi}{2} \\ 0, & \text{其他} \end{cases}$$

求随机变量 X 的期望和方差.

14. 游客乘电梯从底层到电视塔顶层观光，电梯于每个整点的第 5 分钟、25 分钟和 55 分钟从底层起行. 假设一游客在早上 8 点的第 X 分钟到达底层的候梯处，且 X 在 $[0, 60]$ 上均匀分布，求该游客等候时间的数学期望.

15. 描绘以下数组的频数直方图：
    6.8, 29.6, 33.6, 35.7, 36.9, 45.2, 54.8, 65.8, 43.4, 53.8,
    63.7, 69.9, 70.7, 79.5, 97.9, 139.4, 157.0

16. 若样本为 85, 86, 78, 90, 96, 82, 80, 74，求样本均值、标准差、中位数、极差和方差.

17. 下面的数据是一个专业 50 名大学新生在数学素质测验中所得到的分数：
    90, 76, 69, 51, 71, 40, 88, 79, 68, 77, 96, 69, 80, 71, 86, 52, 41, 60, 81,
    72, 92, 81, 99, 77, 100, 79, 66, 71, 84, 73, 67, 70, 86, 75, 60, 80, 77, 91,
    93, 64, 74, 76, 83, 81, 83, 88, 80, 92, 83, 64
    将这组数据分成 6~8 个组，画出频数直方图，并求出样本均值和样本方差.

18. 从一批零件中抽取 9 个零件，测得其直径（mm）为：
    　　　　19.7　20.1　19.8　19.9　20.2　20.0　19.9　20.2　20.3
    设零件直径服从正态分布 $N(\mu, \sigma^2)$，求这批零件的直径的均值 μ、方差 σ 的矩估计值，极大似然估计值及置信水平为 0.95 和 0.99 的置信区间.

19. 一批产品中次品数 X 服从参数为 λ 的泊松分布，下面是 100 批产品中含 x_i 个次品的批数 n_i，求参数 λ 的矩估计值、极大似然估计值及置信水平为 0.95 的置信区间.

表 8-6

x_i	0	1	2	3	4	5	6	7 以上
n_i	49	31	12	4	2	1	1	0

20. 有一大批糖果. 现从中随机地取 16 袋，称得重量（g）如下：

$$506 \quad 508 \quad 499 \quad 503 \quad 504 \quad 510 \quad 497 \quad 512$$
$$514 \quad 505 \quad 493 \quad 496 \quad 506 \quad 502 \quad 509 \quad 496$$

设袋装糖果的重量近似地服从正态分布，试求总体均值 μ、方差 σ 的矩估计值，极大似然估计值及置信水平为 0.95 的置信区间.

21. 已知某种果树产量服从正态分布，在正常年份产量方差为 400，现随机抽取 9 株，其产量（kg）为：112，131，98，105，115，121，99，116，125，试以 0.95 的置信度估计这批果树每株的平均产量在什么范围.

22. 某种元件的寿命 X(h) 服从正态分布 $N(\mu, \sigma^2)$，其中 μ，σ^2 均未知. 现测得 16 只元件的寿命如下：

$$159 \quad 280 \quad 101 \quad 212 \quad 224 \quad 379 \quad 179 \quad 264$$
$$222 \quad 362 \quad 168 \quad 250 \quad 149 \quad 260 \quad 485 \quad 170$$

问：是否有理由认为元件的平均寿命大于 225h？

23. 在平炉上进行一项试验，以确定改变操作方法的建议是否会增加钢的得率，试验是在同一只平炉上进行的. 每炼一炉钢时除操作方法外，其他条件都尽可能做到相同. 先用标准方法炼一炉，然后用建议的新方法炼一炉，以后交替进行，各炼了 10 炉，其得率分别为：

标准方法 78.1 72.4 76.2 74.3 77.4 78.4 76.0 75.5 76.7 77.3

新方法 79.1 81.0 77.3 79.1 80.0 79.1 79.1 77.3 80.2 82.1

设这两个样本相互独立，且分别来自正态总体 $N(\mu_1, \sigma^2)$ 和 $N(\mu_2, \sigma^2)$，这里 μ_1，μ_2，σ^2 均未知. 问：建议的新操作方法能否提高得率？（取 $\alpha = 0.05$.）

24. 自动装罐机装罐头食品，规定罐头净重的标准差不能超过 5g，不然的话，必须停工检修机器. 现检查 10 罐，测量并计算得出净重的标准差为 5.5g，假定罐头净重服从正态分布，取检验水平为 0.05，问：机器工作是否正常？

25. 为比较不同季节出生的女婴体重的方差，从某年 12 月和 6 月出生的女婴中分别随机地抽取 6 名和 10 名，测其体重（g）如下：

12 月：3520 2960 2560 2960 3260 3960

6 月：3220 3220 3760 3000 2920 3740 3060 3080 2940 3060

假定新生女婴体重服从正态分布，问：新生女婴体重的方差是否是冬季的比夏季的小（$\alpha = 0.05$）？

第**9**章 综合实验

综合实验一：濒危动物生态仿真

知识点：马尔可夫过程，矩阵运算

实验目的：以 MATLAB 为工具，模拟生物种群的变化规律.

问题描述：

随着人类社会的不断发展，越来越多的人认识到了对生态环境进行保护的重要意义，逐渐认识到了人类与其他生物种群共生的关系，越来越多的国家和地区也为推进生态环境的保护做出了大量细致而又卓有成效的努力. 从广义上讲，濒危动物泛指珍贵、濒危或稀有的野生动物. 从野生动物管理学角度讲，濒危动物是指《濒危野生动植物种国际贸易公约》附录所列动物，以及国家和地方重点保护的野生动物.

但是，不同的国家和地区对濒危物种的划分并不完全相同. 有的物种在某些地区属于濒危物种，但在其他地区可能不是. 能否尝试给出一种分析的方法呢？我们用一个抽象的物种作为研究对象.

问题分析及模型建立：

一个物种，不妨称为物种 A，是否处于濒危的境地，主要取决于在一定时间后该物种的种群数量是否趋向于 0. 容易看到，这样的问题本质上是一种状态转移问题，可以使用 Markov 链的方式进行刻画. 因此，为建立物种种群数量随时间变化的数学模型，引入如下的假设：

1）种群中每个物种都要经历 3 个阶段——幼年期、成熟期和老龄期，t 时刻对应的数量分别为 l_t，m_t 和 n_t，为方便起见，假设它们具有相同的时间长度.

2）令 a 表示物种从幼年期进入成熟期的比例，$1-a$ 即为该物种在幼年期中的死亡率；b 为成熟期该物种的生育率；c 为该物种在成熟期的生存率；d 为该物种在老龄期的生存率.
为方便起见，若记 $x_t = (l_t, m_t, n_t)^T$，转移矩阵

$$M = \begin{bmatrix} 0 & b & 0 \\ a & 0 & 0 \\ 0 & c & d \end{bmatrix}$$

则该物种从 t 时刻到 $t+1$ 时刻的演化过程可以写为如下的公式：

$$x_t = Mx_{t-1} \tag{9-1}$$

显然式（9-1）是一个迭代公式. 易见，只要给定初始时刻的种群分布 x_0，即可按照式（9-1）

进行迭代，从而得到种群数量的变化趋势．表 9-1 给出了一些可能的种群演进的过程．

表 9-1 种群演进过程

状态转移		$t+1$ 时刻物种 A 各期种群数量		
		幼年期	成熟期	老龄期
t 时刻物种 A 各期种群数量	幼年期	0	a	0
	成熟期	b	0	c
	老龄期	0	0	d

问题求解及结果分析：

实例 1： $a=0.8$，$b=0.7$，$c=0.8$，$d=0.3$，即处于幼年期的物种 A 中的 80％ 会成长到成熟期；处于成熟期的物种 A 会以 70％ 的比例繁衍下一代，并进入幼年期；处于成熟期的物种 A 中的 80％ 会成长到老龄期；处于老龄期的物种 A 中的 30％ 将会继续存活．对于该情形的 MATLAB 仿真程序如下：

```
a = 0.8;                % 幼年期的存活率
b = 0.7;                % 成熟期的生育率
c = 0.8;                % 成熟期的存活率
d = 0.3;                % 老龄期的存活率

l0 = 10;                % 幼年期种群的初始数量
m0 = 10;                % 成熟期种群的初始数量
n0 = 10;                % 老龄期种群的初始数量

x = [l0, m0, n0]';      % 种群的初始数量

M = [0,b,0; a,0,0; 0,c,d]; % 转移矩阵

for t = 1 : 20
    x = [x, M * x(:,end)];
end

plot([x', sum(x)']);
axis([1, t + 1, 0, max(sum(x))]);
xlabel('时间 ');
ylabel('种群数量 ');
legend('幼年期 ','成熟期 ','老龄期 ','总数 ');
```

运行结果如图 9-1 所示．

实例 2： $a=0.8$，$b=1.25$，$c=0.8$，$d=0.3$，即处于幼年期的物种 A 中的 80％ 会成长到成熟期；处于成熟期的物种 A 会以 125％ 的比例繁衍下一代，并进入幼年期；处于成熟期的物种 A 中的 80％ 会成长到老龄期；处于老龄期的物种 A 中的 30％ 将继续存活．

该实例的程序与实例 1 的基本相同，仅做了很小的修改，因此，此处仅给出其运行的结果，如图 9-2 所示．

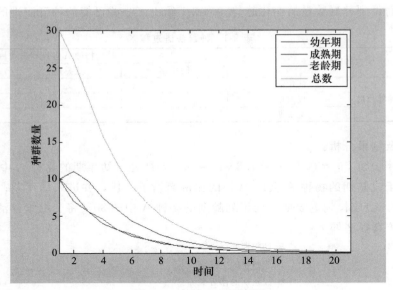

图 9-1 实例 1 运行结果

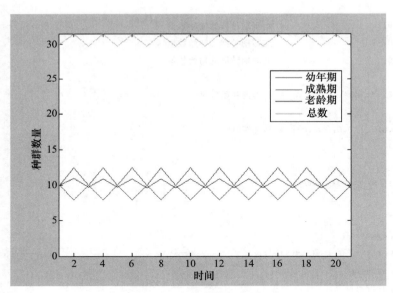

图 9-2 实例 2 运行结果

实例 3：进一步，$a=0.9$，$b=1.25$，$c=0.8$，$d=0.3$，即处于幼年期的物种 A 中的 90％会成长到成熟期；处于成熟期的物种 A 会以 125％的比例繁衍下一代，并进入幼年期；处于成熟期的物种 A 中的 80％会成长到老龄期；处于老龄期的物种 A 中的 30％将会继续存活．程序仿真的结果如图 9-3 所示．

前面的三个实例分别给出了三个不同类型物种的种群变化趋势．容易看出，实例 1 中给出的种群数量随着时间的推移将会趋向于零，即种群会很快消亡．实例 2 指出，该种群将会

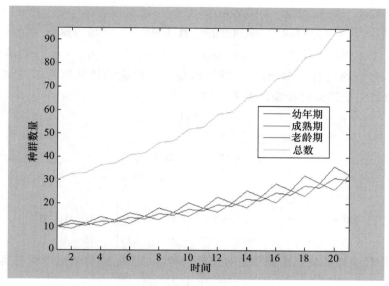

图 9-3　实例 3 运行结果

在某一个数量附近振荡，种群不会消亡．实例 3 指出，该种群数量将会逐渐增加，因此也不会消亡．就这三个种群来讲，实例 1 中给出的种群应当属于濒危物种．

通过对三个实例的对比发现，实例 2 中的种群在成熟期的个体生育率是高于实例 1 中的种群的，实例 3 中的幼年期个体的存活率高于实例 2 中的种群．导致动物濒危到底依赖于什么因素，我们将进行以下分析：

将式（9-1）稍加展开，容易得到

$$x_t = M^t x_0, \quad t = 1, 2, \cdots \tag{9-2}$$

为了研究这个马尔可夫过程，考虑将矩阵 M 进行对角化．事实上，利用线性代数的知识易知，若 M 有三个线性无关的特征向量，则可根据这些特征向量将 M 对角化．以实例 1 中的矩阵 M 为例，容易看到

$$M = \begin{bmatrix} 0 & 0.7 & 0 \\ 0.8 & 0 & 0 \\ 0 & 0.8 & 0.3 \end{bmatrix}$$

其对应的特征向量和特征值可用 MATLAB 程序描述如下：

```
a = 0.8;                % 幼年期的存活率
b = 0.7;                % 成熟期的生育率
c = 0.8;                % 成熟期的存活率
d = 0.3;                % 老龄期的存活率

M = [0,b,0; a,0,0; 0,c,d];   % 转移矩阵

[V,D] = eig(M)
```

程序运行的结果为

$$V = \begin{bmatrix} 0 & 0.4159 & 0.5967 \\ 0 & 0.4446 & -0.6379 \\ 1.0000 & 0.7933 & 0.4868 \end{bmatrix} \quad D = \begin{bmatrix} 0.3000 & 0 & 0 \\ 0 & 0.7483 & 0 \\ 0 & 0 & -0.7483 \end{bmatrix}$$

其中，矩阵 V 的每一列均对应 M 的一个特征向量，其对应的特征值为 D 中相应列的非零元素. 由于其对应的三个特征向量线性无关，故有

$$M = VDV^{-1}$$

因此

$$x_t = M^t x_0 = VD^t V^{-1} x_0$$

注意到，当 $t \to \infty$ 时

$$D^t = \begin{bmatrix} 0.3000^t & 0 & 0 \\ 0 & 0.7483^t & 0 \\ 0 & 0 & (-0.7483)^t \end{bmatrix} \to \begin{bmatrix} 0 & 0 & 0 \\ 0 & 0 & 0 \\ 0 & 0 & 0 \end{bmatrix}$$

因此，无论 x_0 取什么样的值，实例 1 中对应的物种都会消亡. 类似地，对于实例 2，有

$$M = \begin{bmatrix} 0 & 1.25 & 0 \\ 0.8 & 0 & 0 \\ 0 & 0.8 & 0.3 \end{bmatrix}$$

其特征向量和特征值分别为

$$V = \begin{bmatrix} 0 & 0.6355 & 0.7289 \\ 0 & 0.5084 & -0.5831 \\ 1.0000 & 0.5811 & 0.3588 \end{bmatrix} \quad D = \begin{bmatrix} 0.3000 & 0 & 0 \\ 0 & 1.0000 & 0 \\ 0 & 0 & -1.0000 \end{bmatrix}$$

容易看到，当 $t \to \infty$ 时

$$D^t = \begin{bmatrix} 0.3000^t & 0 & 0 \\ 0 & 1.0000^t & 0 \\ 0 & 0 & (-1.0000)^t \end{bmatrix} \to \begin{bmatrix} 0 & 0 & 0 \\ 0 & 1 & 0 \\ 0 & 0 & (-1)^t \end{bmatrix}$$

因此

$$x_t = M^t x_0 = VD^t V^{-1} x_0$$

$$= \begin{bmatrix} 0 & 0.6355 & 0.7289 \\ 0 & 0.5084 & -0.5831 \\ 1.0000 & 0.5811 & 0.3588 \end{bmatrix} \begin{bmatrix} 0.3000^t & 0 & 0 \\ 0 & 1.0000^t & 0 \\ 0 & 0 & (-1.0000)^t \end{bmatrix}$$

$$\begin{bmatrix} -0.7033 & -0.2637 & 1.0000 \\ 0.7868 & 0.9834 & 0 \\ 0.6860 & -0.8575 & 0 \end{bmatrix} x_0$$

$$\to \begin{bmatrix} 0 & 0.6355 & 0.7289 \\ 0 & 0.5084 & -0.5831 \\ 1.0000 & 0.5811 & 0.3588 \end{bmatrix} \begin{bmatrix} 0 & 0 & 0 \\ 0 & 1 & 0 \\ 0 & 0 & (-1)^t \end{bmatrix} \begin{bmatrix} -0.7033 & -0.2637 & 1.0000 \\ 0.7868 & 0.9834 & 0 \\ 0.6860 & -0.8575 & 0 \end{bmatrix} \begin{bmatrix} l_0 \\ m_0 \\ n_0 \end{bmatrix}$$

当 $t = 2k$ 时，有

$$\boldsymbol{x}_{2k} \rightarrow \begin{bmatrix} 0 & 0.6355 & 0.7289 \\ 0 & 0.5084 & -0.5831 \\ 1.0000 & 0.5811 & 0.3588 \end{bmatrix} \begin{bmatrix} 0 & 0 & 0 \\ 0 & 1 & 0 \\ 0 & 0 & 1 \end{bmatrix} \begin{bmatrix} -0.7033 & -0.2637 & 1.0000 \\ 0.7868 & 0.9834 & 0 \\ 0.6860 & -0.8575 & 0 \end{bmatrix} \begin{bmatrix} l_0 \\ m_0 \\ n_0 \end{bmatrix}$$

$$= \begin{bmatrix} 1.0000 & 0 & 0 \\ 0 & 1.0000 & 0 \\ 0.7033 & 0.2637 & 0 \end{bmatrix} \begin{bmatrix} l_0 \\ m_0 \\ n_0 \end{bmatrix} = \begin{bmatrix} l_0 \\ m_0 \\ 0.7033 \times l_0 + 0.2637 \times m_0 \end{bmatrix}$$

当 $t = 2k+1$ 时，有

$$\boldsymbol{x}_{2k+1} \rightarrow \begin{bmatrix} 0 & 0.6355 & 0.7289 \\ 0 & 0.5084 & -0.5831 \\ 1.0000 & 0.5811 & 0.3588 \end{bmatrix} \begin{bmatrix} 0 & 0 & 0 \\ 0 & 1 & 0 \\ 0 & 0 & -1 \end{bmatrix} \begin{bmatrix} -0.7033 & -0.2637 & 1.0000 \\ 0.7868 & 0.9834 & 0 \\ 0.6860 & -0.8575 & 0 \end{bmatrix} \begin{bmatrix} l_0 \\ m_0 \\ n_0 \end{bmatrix}$$

$$= \begin{bmatrix} 0 & 1.2500 & 0 \\ 0.8000 & 0 & 0 \\ 0.2110 & 0.8791 & 0 \end{bmatrix} \begin{bmatrix} l_0 \\ m_0 \\ n_0 \end{bmatrix} = \begin{bmatrix} 1.2500 \times m_0 \\ 0.8000 \times l_0 \\ 0.2110 \times l_0 + 0.8791 \times m_0 \end{bmatrix}$$

无论 t 是奇数还是偶数，容易看到种群数量将会维持在一个稳定的水平——虽然会有振荡．对实例 3 中的矩阵

$$\boldsymbol{M} = \begin{bmatrix} 0 & 1.25 & 0 \\ 0.9 & 0 & 0 \\ 0 & 0.8 & 0.3 \end{bmatrix}$$

有

$$\boldsymbol{V} = \begin{bmatrix} 0 & 0.6304 & 0.7127 \\ 0 & 0.5349 & -0.6047 \\ 1.0000 & 0.5626 & 0.3555 \end{bmatrix} \qquad \boldsymbol{D} = \begin{bmatrix} 0.3000 & 0 & 0 \\ 0 & 1.0607 & 0 \\ 0 & 0 & -1.0607 \end{bmatrix}$$

因此当 $t \rightarrow \infty$ 时，有

$$\boldsymbol{D}^t = \begin{bmatrix} 0.3000^t & 0 & 0 \\ 0 & 1.0607^t & 0 \\ 0 & 0 & (-1.0607)^t \end{bmatrix} \rightarrow \begin{bmatrix} 0 & 0 & 0 \\ 0 & +\infty & 0 \\ 0 & 0 & \infty \end{bmatrix}$$

类似前面的分析，易知种群的数量会不断增加．

思考：

1）若给定某种群 A 在 3 个时间周期内处于各个成长阶段的种群数量（如表 9-2 所示），能否预测该种群的趋势？

表 9-2 某种群 3 个时间周期内处于各阶段的种群数量

	幼年期	成熟期	老龄期
时间段 1	10	20	13
时间段 2	8	8	15
时间段 3	7	6	10

2）通常，对于一个实际的物种，转移矩阵中的元素不一定都是常数．尝试使用不同种类

（例如均匀分布、高斯分布等）的随机数来生成转移矩阵中的各个量，然后重复上述实例.

3）种群处于各个时期的时间不同，如何设计仿真程序呢？

综合实验二：阻尼振动

知识点：微分方程

实验目的：以 MATLAB 为工具，探讨阻尼振动.

问题描述：

考虑弹簧在阻力存在的情况下的阻尼振动问题是非常重要的，利用其原理的产品在很多领域广泛使用. 例如，汽车制造业中广泛使用的弹簧悬架系统就是其中的一种（如图 9-4 所示）. 为了增强车辆的舒适性，汽车制造业中普遍使用了弹簧悬架系统来对抗地面的凹凸不平. 但是弹簧受到压缩后，释放时不能马上稳定下来，它会持续一段时间的伸缩. 为了对抗这种伸缩，人们设计了避震器（如图 9-5 所示），为弹簧的振动提供额外的阻尼，从而减少弹簧的"弹跳". 假如你开过避震器坏掉的车，就可以体会车子通过每一坑洞，起伏后余波荡漾的弹跳. 最理想的状况是利用避震器来把弹簧的弹跳限制在一次.

图 9-4　汽车的悬架系统

图 9-5　一种汽车悬架系统中使用的避震器

问题分析及模型建立：

本实验是对实际问题的一个简化，尽可能忽略了不必要的约束，从而使得我们有可能建立数学模型来探讨弹簧振动的问题. 首先，设定实验环境如图 9-6 所示.

假设 O 为弹簧下悬挂的重物在重力与弹性力平衡情形下的中心，假设重物的质量为 m，重力加速度为 g，$x(t)$ 表示弹簧下的重物中心 O' 距离其平衡位置 O 的位移. 容易看到，在弹簧振动过程中，悬挂的物体会受到弹簧的弹性回复力、阻力等. 此处将针对一些简单情形对问题进行分析.

问题求解及结果分析：

情形 1　不计阻力情形下弹簧的自由振动方程

若记 $F(t)$ 为时刻 t 物体的受力总和（此时，仅有弹簧提供

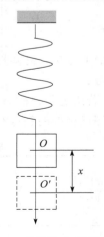
图 9-6　弹簧振动系统示意图

的弹性力），则根据牛顿运动定律有

$$F(t) = m \frac{\mathrm{d}^2 x}{\mathrm{d} t^2}$$

根据虎克定律，弹簧的弹性力大小与弹簧的伸长量成正比，但与位移的方向相反，故有

$$F(t) = -kx(t)$$

其中 $k > 0$ 为弹簧的弹性系数，一般是一个常数．综合上述两式，可以得到不计阻力情形下弹簧的位移所满足的微分方程

$$m \frac{\mathrm{d}^2 x}{\mathrm{d} t^2} = -kx$$

或

$$m \frac{\mathrm{d}^2 x}{\mathrm{d} t^2} + kx = 0 \tag{9-3}$$

此方程为二阶线性常系数微分方程．进一步假定该方程满足如下的初始条件：

$$x(0) = x_0, \qquad \frac{\mathrm{d} x}{\mathrm{d} t}(0) = v_0 \tag{9-4}$$

则该问题转化为一个微分方程的初值问题．对该初值问题可以使用下面的程序进行求解，其中，令 $m = 1$，$k = 1$，$x_0 = 1$，$v_0 = 1$．

```
u1 = dsolve('D2x + x = 0','x(0) = 1','Dx(0) = 0','t');
ezplot(u1,[0,30]);
xlabel('t');
ylabel('x(t)');
title('无阻力情形弹簧位移随时间的变化');
```

其运行结果如图 9-7 所示．

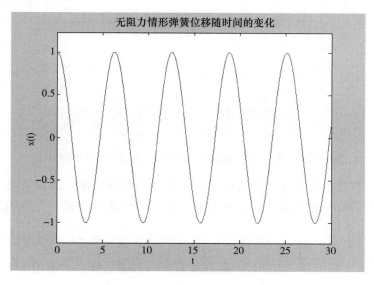

图 9-7　无阻力情形下弹簧的振动

情形 2　阻力与弹簧的运动速度成正比

类似情形 1 的分析，若进一步考虑存在一个与弹簧的运动速度成正比的阻力，则式（9-3）可改写为

$$m \frac{\mathrm{d}^2 x}{\mathrm{d} t^2} + \rho \frac{\mathrm{d} x}{\mathrm{d} t} + kx = 0 \tag{9-5}$$

其中 ρ 称为阻尼系数，它与弹簧下悬挂的物体有关. 其对应的初始条件仍然为

$$x(0) = x_0, \qquad \frac{\mathrm{d} x}{\mathrm{d} t}(0) = v_0$$

类似情形 1，仍然选取 $m=1$，$k=1$，$x_0=1$，$v_0=1$，而 $\rho=0.2$，则求解式（9-5）的 MATLAB 程序如下：

```
u2 = dsolve('D2x + 0.2 * Dx + x = 0','x(0) = 1','Dx(0) = 0','t');
ezplot(u2,[0,30]);
xlabel('t');
ylabel('x(t)');
title('阻力与运动速度成正比情形时位移随时间的变化 ');
```

其运行结果如图 9-8 所示.

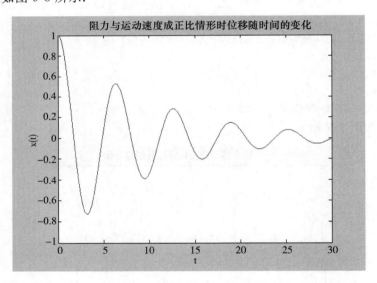

图 9-8　阻力大小与弹簧运动速度成正比情形下弹簧的振动

容易看到，当有阻力存在时，弹簧振动的振幅将会趋向于零，而没有阻力时，振动将不会停止. 汽车中的避震器就是基于这样的原理，为汽车的减震弹簧人为添加阻尼系统，以达到减震的效果.

思考：

1）试给出情形 1 和情形 2 中的两个问题的解析解. 解析解是否与用 MATLAB 得到的解一致？

2）实际情形时，弹簧受到的阻力往往不是一个常数，即 ρ 可能是一个函数，能否针对一

些较为简单的函数,使用前述方法绘制解的图像?

3)若有一个变化的力作用在重物处,则图 9-6 中的系统也称为受迫振动系统. 试在情形 2 的基础上,进一步考虑弹簧受迫振动的情形. 推导弹簧位移满足的微分方程,并使用前述 MATLAB 求解方法,探讨受迫振动时对应的解. 能否给出受迫振动问题的解析解?如果可以的话,MATLAB 中得到的解是否与问题的解析解一致?

综合实验三:消费价格指数的预测

知识点:最小二乘法、曲线拟合

实验目的:以 MATLAB 为工具,探讨 CPI 指数预测的问题.

问题描述:

CPI 是居民消费价格指数(Consumer Price Index)的简称. 居民消费价格指数,是一个反映居民家庭一般所购买的消费商品和服务价格水平变动情况的宏观经济指标,其变动率在一定程度上反映了通货膨胀或紧缩的程度. CPI 的计算公式为

$$\text{CPI} = \frac{\text{一组固定商品按当期价格计算的价格}}{\text{一组固定商品按基期价格计算的价格}} \times 100\% = \frac{P(t)}{P(t-1)} \times 100\%$$

上式中的 $P(t)$ 通常是一组典型商品价格的加权平均值在时刻 t 处的取值,即若用 $p_i(t)$ 表示商品 i 在时刻 t 时的价格,则

$$P(t) = \sum_{i=1}^{n} k_i p_i(t), \quad \text{其中权重 } k_i \geqslant 0 \text{ 且} \sum_{i=1}^{n} k_i = 1$$

通过上面的公式容易看出,CPI 表示的是普通家庭在购买一组有代表性的产品时,当前时刻与上一时刻花费价格的比值. 在日常生活中,人们一般更为关心的是通货膨胀率,它通常被定义为从一个时期到另一个时期的价格水平变动的百分比,其计算公式为

$$T = \frac{P(t) - P(t-1)}{P(t-1)} \times 100\%$$

例如,假设某国家 1990 年某个家庭购买一组商品的价格为 800 元,而到 2000 年,购买该组商品的价格为 1000 元,若以 1990 年为该国计算 CPI 的基期,则该国 2000 年 CPI 指数为

$$\text{CPI} = \frac{1000}{800} \times 100\% = 125\%$$

而这一时期的通货膨胀率为

$$T = \frac{1000 - 800}{800} \times 100\% = 25\%$$

此外,容易看出,通货膨胀率实际上就是 CPI 的变化量. 如果用来计算的基期与当前时间相差较大,则计算得到的结果其实不理想. 因此,为了更为客观地表述经济生活中的变化,经济学领域引入了环比的概念. 与以往为了规避季节对商品价格影响的同比概念相比,基期改为"上一期". 因此,环比更能反映当前消费者对价格的感受.

问题分析及模型建立:

表 9-3 中给出了我国从 2011 年 6 月到 2013 年 1 月 CPI 指数,该指数是按照上年为基期计算的,而不是以一个固定的基期计算的.

表 9-3　2011 年 6 月到 2013 年 1 月我国 CPI 指数（国家统计局）

月份	全国				城市				农村			
	当月	同比增长	环比增长	累计	当月	同比增长	环比增长	累计	当月	同比增长	环比增长	累计
2013.01	102.0	2.0%	1.0%	102.0	102.0	2.0%	1.0%	102.0	102.2	2.2%	1.2%	102.2
2012.12	102.5	2.5%	0.8%	102.6	102.5	2.5%	0.8%	102.7	102.5	2.5%	0.9%	102.5
2012.11	102.0	2.0%	0.1%	102.7	102.1	2.1%	0.1%	102.7	101.9	1.9%	0.2%	102.5
2012.10	101.7	1.7%	−0.1%	102.7	101.8	1.8%	−0.1%	102.8	101.5	1.5%	−0.1%	102.6
2012.09	101.9	1.9%	0.3%	102.8	102.0	2.0%	0.3%	102.7	101.7	1.7%	0.4%	102.7
2012.08	102.0	2.0%	0.6%	102.9	102.1	2.1%	0.6%	103.0	101.8	1.8%	0.6%	102.8
2012.07	101.8	1.8%	0.1%	103.1	101.9	1.9%	0.1%	103.1	101.5	1.5%	0.0%	103.0
2012.06	102.2	2.2%	−0.6%	103.3	102.2	2.2%	−0.6%	103.3	102.0	2.0%	−0.5%	103.3
2012.05	103.0	3.0%	−0.3%	103.5	103.0	3.0%	−0.3%	103.5	102.9	2.9%	−0.3%	103.5
2012.04	103.4	3.4%	−0.1%	103.7	103.4	3.4%	0.0%	103.7	103.3	3.3%	−0.2%	103.7
2012.03	103.6	3.6%	0.2%	103.8	103.6	3.6%	0.2%	103.8	103.6	3.6%	0.1%	103.8
2012.02	103.2	3.2%	−0.1%	103.9	103.2	3.2%	−0.1%	103.8	103.2	3.2%	−0.1%	103.9
2012.01	104.5	4.5%	1.5%	104.5	104.5	4.5%	1.5%	104.5	104.6	4.6%	1.5%	104.6
2011.12	104.1	4.1%	0.3%	105.4	104.1	4.1%	0.3%	105.3	104.1	4.1%	0.3%	105.8
2011.11	104.2	4.2%	−0.2%	105.5	104.2	4.2%	−0.2%	105.4	104.3	4.3%	−0.2%	106.0
2011.10	105.5	5.5%	0.1%	105.6	105.4	5.4%	0.1%	105.5	105.5	5.9%	0.0%	106.2
2011.09	106.1	6.1%	0.5%	105.7	105.9	5.9%	0.4%	105.5	106.6	6.6%	0.5%	106.2
2011.08	106.2	6.2%	0.3%	105.6	105.9	5.9%	0.3%	105.4	106.7	6.7%	0.3%	106.1
2011.07	106.5	6.5%	0.5%	105.5	106.2	6.2%	0.5%	105.4	107.1	7.1%	0.5%	106.1
2011.06	106.4	6.4%	0.3%	105.4	106.2	6.2%	0.2%	105.2	107.0	7.0%	0.4%	105.9

　　根据表 9-3 中给出的数据，尝试预测 2013 年 2 月～6 月我国 CPI 的数值.

　　作为例子，此处仅通过一种采用多项式进行数据拟合的简单方法来对全国 CPI 环比数据进行预测，读者可以通过自己的努力给出更多的方法和预测数值.

　　将环比数据画图，程序和运行结果如下：

```
CPI = [1.0,0.8,0.1,−0.1,0.3,0.6,0.1,−0.6,−0.3,−0.1,0.2,−0.1,1.5,0.3,−0.2,0.1,0.5,
0.3,0.5,0.3];                    % 环比数据
CPI = CPI(end:−1:1);
plot([0:length(CPI)−1],CPI);
title('2011 年 6 月到 2013 年 1 月中国 CPI 环比变化数据');
xlabel('时间,以 2011 年 6 月为时间 0 时刻,单位为月');
ylabel('CPI 增长环比数据(%)');
```

　　其运行结果如图 9-9 所示，其中 $t = 0$ 表示 2011 年 6 月.

　　对上述数据采用多项式进行拟合，即假设 CPI 变动的数据满足的关系为

$$p(t) = a_0 t^n + a_1 t^{n-1} + a_2 t^{n-1} + \cdots + a_{n-1} t + a_n$$

其中，$a_i(i = 0,1,2,\cdots,n)$ 为多项式系数，只要设法给出系数 a_i，即可得到 CPI 变动数据所遵循的规律. 计算系数的常用方法是插值法或最小二乘法等，读者可以根据自己的情况选用适当的方法. 为简单起见，此处使用 MATLAB 提供的基于最小二乘法构造的 polyfit 函数完成多项式系数的确定.

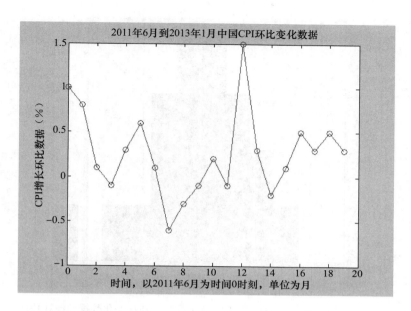

图 9-9 我国 2011 年 6 月到 2013 年 1 月 CPI 环比变化数据

问题求解及结果分析：

为得到相对较好的预测结果，首先可对这些数据进行预处理，程序如下：

```
hist(CPI);
meanval = mean(CPI);
stdval = std(CPI);
hold on
plot([meanval, meanval], [0, max(hist(CPI))], 'LineWidth', 2, 'Color', 'r');
plot([meanval + stdval, meanval + stdval; meanval + 2 * stdval, meanval + 2 * stdval;
    meanval − stdval, meanval − stdval; meanval − 2 * stdval, meanval − 2 * stdval;]', ...
    [0, max(hist(CPI))], 'LineWidth', 2, 'Color', 'g');
title('2011 年 6 月到 2013 年 1 月中国 CPI 环比变化数据的分布');
xlabel('value');
ylabel('frequence');
```

运行结果如图 9-10 所示，其中最中间的加粗直线表示变化值的均值，而两侧的 4 条直线分别对应均值两侧 1 倍和 2 倍标准差的位置.

容易看出，此数据中存在超过 2 倍标准差的数据. 因此，首先将这个数据从全部数据中删除，可使用如下程序：

```
outidx = find(abs(CPI − meanval) > 2 * stdval);
CPI(outidx) = NaN;
month = [0:length(CPI) − 1];
month(outidx) = [];  % 多项式拟合中使用的横坐标
```

利用处理后的数据绘制的图形如图 9-11 所示.

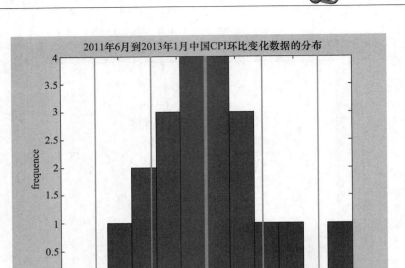

图 9-10 我国 2011 年 6 月到 2013 年 1 月 CPI 环比变化数据的统计特征

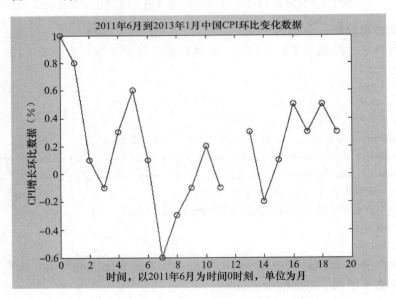

图 9-11 我国 2011 年 6 月到 2013 年 1 月 CPI 环比变化数据（处理后）

分别使用 3 次和 10 次多项式进行拟合并绘制图形，程序如下：

```
nCPI = CPI(~isnan(CPI));
t = [0:1:length(CPI) - 1];
p3 = polyfit(month, nCPI', 3);
p3val = polyval(p3, t);
p10 = polyfit(month, nCPI', 10);
p10val = polyval(p10, t);
```

```
plot([0:length(CPI) - 1],CPI,'o -');
hold on
plot(t, p3val,'- -');
plot(t, p10val,':');
title('2011 年 6 月到 2013 年 1 月中国 CPI 环比变化数据');
xlabel('时间,以 2011 年 6 月为时间 0 时刻,单位为月');
ylabel('CPI 增长环比数据( % )');
legend('CPI 变化数据 ',' 使用 3 次多项式拟合 ',' 使用 10 次多项式拟合 ');
hold off
```

运行结果如图 9-12 所示.

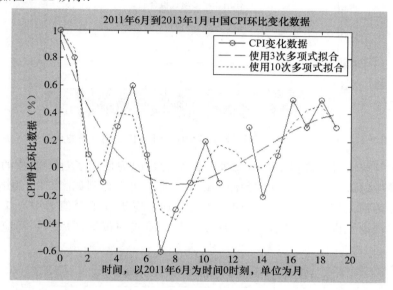

图 9-12   我国 2011 年 6 月到 2013 年 1 月 CPI 环比变化数据及其曲线拟合

需要说明的是,高次曲线拟合的结果并不一定比低次曲线拟合的结果更符合实际情况. 但就这个例子来讲,似乎使用 10 次曲线拟合更为接近真实的结果.

对 2013 年 2~6 月的 CPI 变化数据进行预测,程序如下:

```
t = [length(CPI) - 1:1:length(CPI) + 4];
p3val = polyval(p3, t);
p10val = polyval(p10, t);
hold on                      % 将新的数据附加到原有数据后并以红色显示
plot(t, p3val,'r - -');
plot(t, p10val,'r:');
title('2011 年 6 月到 2013 年 1 月中国 CPI 环比变化数据及未来 5 个月预测');
xlabel('时间,以 2011 年 6 月为时间 0 时刻,单位为月');
ylabel('CPI 增长环比数据( % )');
legend('CPI 变化数据 ',' 使用 3 次多项式拟合 ',' 使用 10 次多项式拟合 ');
hold off
```

其结果如图 9-13 所示.

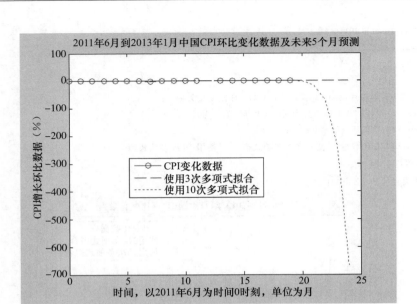

图 9-13　我国 2013 年 2 月到 2013 年 6 月 CPI 环比变化数据的预测）（一）

　　这一结果对某些读者来说似乎有些意外，其实就是因为使用了过高次数的多项式进行拟合造成的．如果考虑放弃 10 次多项式预测的结果，那么可以得到如图 9-14 的结果．其中，最后中间加粗部分为预测部分的值，上下四条曲线分别对应于以预测值为中心 1 倍和 2 倍标准差的带形区域．理论上讲，只要实际值落在上下四条曲线的带形区域内，都应当算作是准确预测．

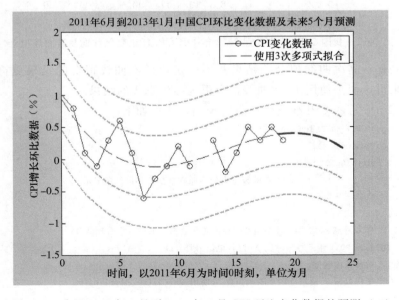

图 9-14　我国 2013 年 2 月到 2013 年 6 月 CPI 环比变化数据的预测（二）

　　然而，实际的情况如何呢？根据国家统计局的信息，2013 年 2 月到 2013 年 6 月实际的 CPI 增长数据如表 9-4 所示.

表 9-4　我国 2013 年 2 月到 2013 年 6 月全国 CPI 增长变化情况

月份	2013.02	2013.03	2013.04	2013.05	2013.06
环比增长	1.1%	−0.9%	0.2%	0.6%	0.0%

　　将表 9-4 中的数据与预测的数据相比（见图 9-15），可以看出虽然多项式拟合的方法看起来较为简单，但是其预测的效果还是不错的，因为除了 2013 年 1 月之后的 5 个月的实际 CPI 变化数据外，基本上都在预测值附近.

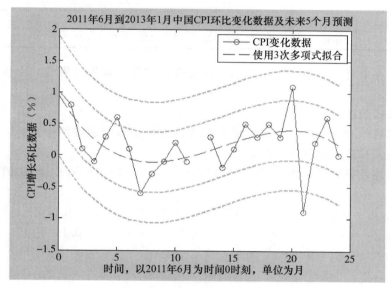

图 9-15　我国 2013 年 2 月到 2013 年 6 月 CPI 环比变化数据的预测与真实数据的比较

思考：

　　1）尝试对表 9-3 中的数据进行平滑处理后再进行多项式拟合，考察拟合的结果是否更为可靠.

　　2）试根据表 9-3 中的数据给出其他类型的预测模型，并评估预测的效果.

　　3）根据表 9-3 中的数据，利用 2）中给出的模型，分析其他各列数据的变化，并尝试进行类似例子的预测.

综合实验四：使用 MATLAB 求解广告投放的权衡曲线

　　知识点：多目标规划模型、帕累托最优、权衡曲线

　　实验目的：为广告投放问题建立多目标规划模型，并以 MATLAB 为工具求解和绘制该问题的权衡曲线.

　　问题描述：

　　在实际生活中，有时我们面临的问题中有不止一个希望达成的目标，比如下面这个广告

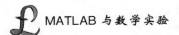
投放的决策问题.

  某公司生产一款针对中青年客户的功能饮料,现在希望投放一批电视广告以促进产品的推广. 可供选择的栏目有偶像剧、体育、综艺、军事、音乐、文娱、新闻及连续剧 8 类. 在各类节目中每周投放 100 秒的广告能够在中青年男性和女性中分别达成的曝光次数(万人次)、投放成本(千元),以及每个栏目每周最多容纳的广告时长(秒)如表 9-5 所示.

表 9-5 广告效果及成本

观众 \ 节目	偶像剧	体育	综艺	军事	音乐	文娱	新闻	连续剧
男性	6	6	3	0.5	0.7	0.1	0.1	1
女性	9	1	6	0.1	0.9	0.9	0.1	1
投放成本	3.3	2.0	1.6	0.19	0.25	0.3	0.2	1.7
最大时长	1260	1680	840	150	210	630	210	1680

  该公司准备在电视广告上每周投入 3.5 万元进行宣传,希望对男性和女性客户的宣传曝光次数尽可能大.

  问题分析及模型建立:

  很显然,对男性和女性客户的宣传曝光次数极大化是本问题的两个目标. 因此我们可以使用多目标规划来描述和求解这一问题.

  设公司在上述各栏目购买的广告长度分别为 x_1 至 x_8(百秒/周). 问题的两个目标可以写为:

  男性曝光数 $f_1 = 6x_1 + 6x_2 + 3x_3 + 0.5x_4 + 0.7x_5 + 0.1x_6 + 0.1x_7 + x_8$

  女性曝光数 $f_2 = 9x_1 + x_2 + 6x_3 + 0.1x_4 + 0.9x_5 + 0.9x_6 + 0.1x_7 + x_8$

约束条件则包括:

  总预算 $3.3x_1 + 2x_2 + 1.6x_3 + 0.19x_4 + 0.25x_5 + 0.3x_6 + 0.2x_7 + 1.7x_8 \leqslant 35$

  时间长度 $0 \leqslant 100x_i \leqslant u_i, i = 1, \cdots, 8$,其中 u_i 为表 9-5 中各栏目最大广告时长

  若我们只考虑一个单一的目标函数,如只考虑极大化男性曝光数,则得到一个线性规划问题. 由于这里需要极大化曝光数,而 MATLAB 求解规划问题是求解目标函数的极小值,因此我们选取曝光数的相反数为目标函数,并求其极小值.

  min $-f_1 = -6x_1 - 6x_2 - 3x_3 - 0.5x_4 - 0.7x_5 - 0.1x_6 - 0.1x_7 - x_8$

  s. t. $3.3x_1 + 2x_2 + 1.6x_3 + 0.19x_4 + 0.25x_5 + 0.3x_6 + 0.2x_7 + 1.7x_8 \leqslant 35$

       $0 \leqslant 100x_i \leqslant u_i, i = 1, \cdots, 8$

  问题求解及结果分析:

  我们可以用如下程序对这一问题进行求解:

```
f1 = -[6;6;3;0.5;0.7;0.1;0.1;1];
A = [3.3,2,1.6,0.19,0.25,0.3,0.2,1.7];
b = 35;
lb = zeros(8,1);
ub = [12.6;16.8;8.4;1.5;2.1;6.3;2.1;16.8];
[x1, fval_11] = linprog(f1,A,b,[],[],lb,ub)
```

运行得到最优解：

```
x1 =
     0.0000
    16.8000
     0.3687
     1.5000
     2.1000
     0.0000
     0.0000
     0.0000
fval_11 =
   - 104.1262
```

令

```
f2 = -[9;1;6;0.1;0.9;0.9;0.1;1];
fval_12 = f2'* x1,
```

运行得到此时的女性曝光数：

```
fval_12 =
   - 21.0525
```

反之，若只考虑极大化女性曝光数，即如下线性规划问题：

$$\min \quad -f_2 = -9x_1 - x_2 - 6x_3 - 0.1x_4 - 0.9x_5 - 0.9x_6 - 0.1x_7 - x_8$$

$$\text{s. t.} \quad 3.3x_1 + 2x_2 + 1.6x_3 + 0.19x_4 + 0.25x_5 + 0.3x_6 + 0.2x_7 + 1.7x_8 \leqslant 35$$

$$0 \leqslant 100x_i \leqslant u_i, i = 1, \cdots, 8$$

则可以用如下方式求解：

```
[x2, fval_22] = linprog(f2,A,b,[],[],lb,ub)
```

得到最优解

```
x2 =
     5.8015
     0.0000
     8.4000
     0.0000
     2.1000
     6.3000
     0.0000
     0.0000
fval_22 =
   - 110.1736
```

以及此时对应的男性曝光数：

```
fval_21 = f1'* x2,
```

得到：

```
fval_21 =
   - 62.1091
```

由这两组求解结果可以看到, 若我们极大化男性曝光数, 可以达到 104 万人次, 但是此时女性观众中的曝光数只有 21 万人次. 反之, 如果我们极大化女性曝光数, 可以达到 110 万人次, 但此时男性观众曝光情况则下降到 62 万人次.

在多目标规划问题中, 如果对于一个可行解 A, 没有任何另外一个可行解能够严格比 A 更好, 即对于任何另外一个可行解 B, 如果其某一个目标函数值严格优于 A, 则一定至少存在另一个目标函数值严格比 A 差, 此时我们称解 A 是该问题的一个**帕累托最优解**. 对于一个两个目标函数的多目标规划问题, 所有帕累托最优解的两个目标函数值在坐标平面上对应的点组成一条曲线, 称之为**权衡曲线**.

考虑上述问题的解 x1 和 x2. 对于 x1 来说, 在满足预算和最大时间长度要求下已经不可能使得男性曝光数这个目标更好了. 而且可以证明, 要想使得男性曝光数达到这一目标, x1 是唯一的一个可行解. 因此, 如果想要改善另一个目标函数——女性曝光数, 就势必会减小男性曝光数, 即 x1 是该问题的一个帕累托最优解. 同样, x2 也是一个帕累托最优解. 由于这两个解分别对应了两个目标函数取值最大和最小的情况, 因此它们也是权衡曲线的两个顶点.

下面我们用 MATLAB 绘制这个问题的权衡曲线. 由于权衡曲线上的每一个点都是帕累托最优解, 即对于每一个给定的函数值 f_1, 曲线上对应的 f_2 都应该是最大的. 因此对于 f_1 可能的取值范围 $[-\text{fval\_21}, -\text{fval\_11}]=[62.1091, 104.1262]$ 之内的每个值, 我们求解如下问题来得到相应的 f_2:

$$\max \quad -f_2 = -9x_1 - x_2 - 6x_3 - 0.1x_4 - 0.9x_5 - 0.9x_6 - 0.1x_7 - x_8$$

$$\text{s. t.} \quad 3.3x_1 + 2x_2 + 1.6x_3 + 0.19x_4 + 0.25x_5 + 0.3x_6 + 0.2x_7 + 1.7x_8 \leqslant 35$$

$$-6x_1 - 6x_2 - 3x_3 - 0.5x_4 - 0.7x_5 - 0.1x_6 - 0.1x_7 - x_8 = -f_1$$

$$0 \leqslant 100x_i \leqslant u_i, i = 1, \cdots, 8$$

可以使用如下程序进行求解:

```
step = (fval_21 - fval_11) / 100;
u = [fval_11 + step * (0:99), fval_21];
for i = 1:101,
    [x, v(i)] = linprog(f2,A,b,f1',u(i),lb,ub);
end
plot( - u, - v,'k')
```

运行结果如图 9-16 所示.

可以看到此问题的权衡曲线是一条折线段, 该折线上的每一个点都对应了本问题的一个帕累托最优解. 实际实施时想要确定究竟选用哪个解, 则需要我们对于究竟更重视男性观众还是女性观众做出进一步的判断. 如果更重视女性观众, 就选取对应左上方的解; 反之, 如果更重视男性观众, 就选取对应右下方的解.

多目标规划问题的本质决定了它有可能不存在唯一的"绝对最优解", 只有一系列"相对最优解", 也就是上面所提到的帕累托最优解. 图 9-16 中的权衡曲线表明了本问题所有帕累托最优解的情况, 每一个帕累托最优解的两个目标函数值即对应权衡曲线上的一个点. 根据帕累托最优解的定义可知, 如果我们找到一个方案, 其函数值对应点在权衡曲线的左下方, 则这个方案一定不是最好的, 存在严格意义下的更好的解; 反之, 若对应点在权衡曲线的右上方, 则该方案是不可行的, 或者说不可能有这么好的解. 实际实施时想要确定究竟选用哪个帕累托最优解, 则需要对两个目标函数的相对重要性再进行进一步判断.

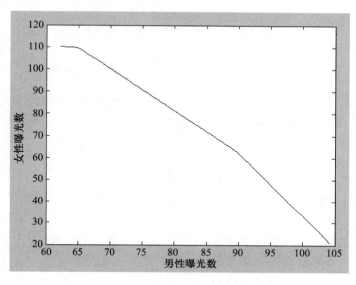

图 9-16 权衡曲线

综合实验五: 通信基站服务情况的随机模拟

知识点: 蒙特卡洛法、排队模型、指数分布、产生指定分布的随机数

实验目的: 分析通信基站提供的语音服务, 建立数学模型, 并使用 MATLAB 对其运行情况进行随机模拟.

问题描述:

某移动通信运营商要在一个小区中安装通信基站. 经过市场调研, 该小区内平均每小时会产生 110 次通话需求, 而每次通话的平均时间为 10 分钟. 假设移动基站的一个通话模块可以提供 8 个通话信道, 即可以保证 8 个用户同时通话. 若基站所有通话信道都已经被占用, 新接入用户的通话将无法接通. 那么该基站中需要安装多少个通话模块, 才能保证呼入电话的平均接通率不低于 90%? 如果要求接通率不低于 98% 呢?

问题分析及模型建立:

已知平均每小时会产生 110 次通话需求, 以及每次通话的平均时间为 10 分钟. 但实际发生的通话请求数、每一则通话开始的时间, 以及每一则通话实际持续的时间都是随机的. 我们常常假设从某一时刻开始到下一个通话请求发生的时间 X, 以及一则通话的持续时间 Y 是服从指数分布的, 其概率密度函数为:

$$f(x) = \begin{cases} \lambda e^{-\lambda x} & x \geqslant 0 \\ 0 & x < 0 \end{cases} \quad \text{其中 } \lambda > 0 \text{ 为参数}$$

问题求解及结果分析：

通过如下命令，我们可以得到参数 λ 分别为 0.3、1、2 时指数分布概率密度函数的图像（见图 9-17）：

```
x = [0:.01:2];
y1 = 0.3 * exp( - 0.3 * x); y2 = 1 * exp( - 1 * x); y3 = 2 * exp( - 2 * x);
hold on, axis equal, axis([0 2 0 2]),
plot(x,y1,'b - '),  plot(x,y2,'g - - '),  plot(x,y3,'r:'),
legend('\lambda = 0.3','\lambda = 1','\lambda = 2')
```

指数分布随机变量最显著的特点在于其无后效性：若 X 服从指数分布，则对于任意正数 s、t，有

$$P\{X > t\} = P\{X > s + t \mid X > s\}$$

例如，若从某一时刻开始到下一则通话请求发生时刻之间的时间长度 X 服从指数分布，则经过时间 t 没有新通话请求的概率，与已经经过了时间 s 没有新通话请求的情况下再过时间 t 依然没有新通话请求的概率是相同的．换句话说，只要还没有新通话请求出现，那么从当前状态来看经过时间 t 不出现通话请求的概率是一定的，与已经流逝的时间长度 s 无关．这一性质虽然看上去似乎有悖于我们的直觉，但是实际中这种情况确实存在．而实践表明，指数分布的随机变量可以很好地近似描述新通话的出现时间，以及每一则通话的持续时间．

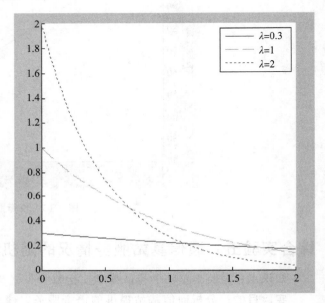

图 9-17　指数函数的密度函数

由参数为 λ 的指数分布的概率密度函数可以推导其数学期望为 $1/\lambda$，因此由已知条件我们可以假设两次通话请求之间的时间长度 X（小时）服从参数为 110 的指数分布，而每一则通话的时间都服从参数为 6 的指数分布．假设总共安装了 m 个通话模块，即可以提供 $8m$ 条通话信道．此时系统中最多可以同时容纳 $8m$ 个通话，超出此数值的通话请求会被拒绝．这一问题依照排队论的 Kendall 表示法可以写为：M/M/8m/GD/8m/∞．其中前两个 M 表示模型中的"客户"，也就是这里的通话请求到达时间间隔服从指数分布，且"服务时间"即这里的通话时间也服从指数分布．第三位的 8m 表示"服务台数量"，即本问题中的通话信道数量．GD 表示客户按照一般规则排队（实际上本问题中不允许排队等待的情况）．第五位的 8m 表示系统中最多容纳 8m 个"客户"，再多的通话请求将被拒绝．而最后一位的无穷符号表示"客户"的总数为无穷个，或者至少远远大于 8m．

当系统运行时间趋于无穷时，这一系统最终的极限状态可以通过称为"随机过程"的理论推导得出．在这里我们采取另一个方法（蒙特卡洛法）来对这一问题进行求解．蒙特卡洛

法是指通过计算机产生随机数，对所求问题的过程进行模拟的方法．在这里我们可以使用如下命令产生服从指数分布的随机数：

```
random('exp',theta,m,n)
```

其中 theta 为指数分布中的参数的倒数 $1/\lambda$，m 和 n 则指定产生一个 $m \times n$ 维矩阵，其每一个分量的取值是服从所指定指数分布的．

蒙特卡洛法依靠随机数进行模拟，因此每一次具体实验所得结果可能是不同的．但是对于适当的随机问题，只要选取的随机数充分多，模拟结果就可以无限接近问题的理论解．例如，我们产生 10 000 个参数 $\lambda = 1$ 的指数分布的随机数，并求其平均值：

```
t = random('exp',1,1,10000);
t(1:5), ave = sum(t)/10000,
```

可以得到结果：

```
ans =
        1.9722      1.2556      0.68204      0.44797      0.078016
ave =
        0.99444
```

这里产生的 t 是一个 10 000 维的行向量，从第一个结果我们可以看到 t 的前五个元素．由于其随机性，每一次运行得到的数一般不会相同．但是这 10 000 个随机数的平均值每次都会非常接近该指数分布的数学期望值 $1/\lambda = 1$.

下面我们建立一个 MATLAB 命令文件 MonteCarlo.m 来模拟基站的运行情况，并用图像显示其结果．首先我们定义变量 u、v 来存储两组指数分布的参数，m 是我们选取的通话模块数（因此总通话信道数为 8m）．而变量 TotalTime 则是我们准备模拟运行的时间（以小时为单位）．程序如下：

```
clear; clf                      % 清除之前的数据和图像
m = 2;                          % 通信模块数
u = 1/110;                      % 随机产生通话间隔的参数
v = 1/6;                        % 随机产生通话时间的参数
TotalTime = 5;                  % 总模拟时间

n = 0;                          % 当前通话数
server = Inf * ones(1,8 * m);   % 各信道通话结束时间,升序排列
tNext = 0;                      % 下一通话到来时间
t = 0;                          % 记录当前时间

TotalCall = 0;                  % 总通话请求数
LostCall = 0;                   % 未接通通话请求数

subplot(2,1,1),
axis([0 TotalTime 0 8 * m]),
xlabel('time'), ylabel('Number of Calls'),
hold on, grid on,
```

```
subplot(2,1,2),
axis([0 TotalTime 0.7 1]),
xlabel('time'), ylabel('Connecting Rate'),
hold on, grid on,

tNext = t + random('exp', u);          % 下一个通话请求的时间

while(t < TotalTime)
    if(tNext > server(1))              % 在下一个通话请求之前,一个现有通话要结束

        subplot(2,1,1),                % 绘制时刻 t 到 server(1)之间的图形
        plot([t,server(1),server(1)],[n,n,n-1]),
        subplot(2,1,2),
        plot([t,server(1)],[1-LostCall/TotalCall, 1-LostCall/TotalCall]),


        t = server(1);                 % 更新当前时间至 server(1),结束通话
        server = [server(2:8*m), inf];
        n = n-1;

    elseif(n == 8*m)                   % 当前通话已经占满所有信道,新的通话丢失

        subplot(2,1,1),                % 绘制时刻 t 到 tNext 之间的图形
        plot([t,tNext],[n,n]),
        subplot(2,1,2),
        plot([t,tNext,tNext],[1-LostCall/TotalCall,
        1-(LostCall+1)/(TotalCall+1), 1-(LostCall+1)/(TotalCall+1)]),


        t = tNext;                     % 更新当前时间至 tNext,记录丢失的通话
        LostCall = LostCall + 1;
        TotalCall = TotalCall + 1;


        tNext = t + random('exp', u);  % 产生下一个通话请求的时间

    else
        % 接通一个新的通话

        % 绘制时刻 t 到 tNext 之间的图形
        subplot(2,1,1),
        plot([t,tNext,tNext],[n,n,n+1]),
        subplot(2,1,2),
```

```
        plot([t,tNext],[1-LostCall/TotalCall, 1-LostCall/TotalCall]),


        t = tNext;                    %  更新当前时间至 tNext,记录新的通话
        n = n+1;
        TotalCall = TotalCall + 1;
        %  为新的通话生成其通话时间,并记录其应当结束的时间
        server(n) = tNext + random('exp',v);
        %  确保 server 中的时间是按照升序排列的,即 server(1)对应最早结束的通话
        server = sort(server);
        %  产生下一个通话请求的时间
        tNext = t + random('exp', u);
    end
    sprintf('time rate: %.2g',t/TotalTime),
end
```

我们采用一个长度为 8m 的数组 server 存储每一个通话信道当前通话的结束时间（通过随机数生成），若没有当前通话，该时间为 inf，即无穷大．在运行过程中，我们始终保持该数组是升序排列的，即 server(1) 中存储的是当前通话中将要第一个结束的通话的结束时间．变量 n 存储当前通话数，t 存储当前的时间，tNext 是下一个通话请求发生的时间（同样通过随机数生成）．最后，TotalCall 和 LostCall 中分别存储到当前时间为止的总通话请求数以及被抛弃的未接通请求数.

绘制图像时我们采用上下排列的图像，分别绘制随着时间 t 的变化通话数 n 和接通比例（1－LostCall/TotalCall）的数值．在当前时间 t 小于总时间 TotalTime 的情况下，我们通过 while 循环语句来重复处理下面的过程.

如果 tNext＞server(1)，即在下一个通话请求之前一个现有通话要结束，我们将时间更新至通话结束的时间 server(1)，从 server 中删除这一位（补充一个 inf，因为该信道没有通话了）．将通话数 n 减 1，并且在两个图上分别绘制这段时间通话数和接通比例.

否则，在 tNext 时间将会有一个新的通话请求．此时会出现两种情况．若 n == 8*m，即当前通话已经占满所有信道，则新的通话丢失．我们记录这个事件（令 TotalCall 和 LostCall 各加一），将当前时间移动到这一时间，产生下一个通话请求的时间（tNext = t + random ('exp', u)），并绘制两个图的图像．否则，我们可以接通这个新的通话，即在 server 向量中将一个 inf 改为这个新通话将要结束的时间：server (n) = tNext + random ('exp', v)，这里 tNext 是这个通话开始的时间，后面一项是通过指数分布随机变量产生其持续时间．为了保持 server 中的顺序，我们用 sort 函数对其进行排序：server = sort(server)．令 n=n+1，并绘制相应图像.

首先我们令 m=2，即使用 2 个通话模块 16 个通话信道模拟 5 小时的运行．绘图结果见图 9-18．其中上下两个子图的横轴都代表时间，上方子图的纵坐标为当前接通的电话数，下方子图的纵坐标则代表到当前时刻为止的平均接通率.

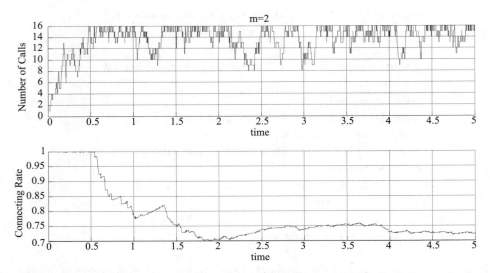

图 9-18　2 个通话模块

　　从图 9-18 中可以看到 16 个通话信道经常被占满，总接通率很快降低到 80％左右．因此我们增加一个通话模块，令 m＝3 并重新运行．这次我们模拟 12 小时的运行，得到图 9-19．

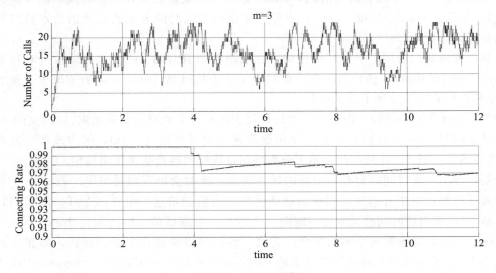

图 9-19　3 个通话模块

　　从图 9-19 中可以看到 24 个通话信道仍然时常被占满，但总接通率基本能够维持在 96％以上．虽达到了 90％接通率的要求，但是不能达到 98％的要求．因此我们再增加一个通话模块，令 m＝4 并重新运行．这次再增加模拟时间到 24 小时，得到图 9-20．

　　可以看到这次几乎能够保持接通率在 100％，因此我们得到了原问题的结果：要保持接通率 90％，至少需要安装 3 个通话模块；要将接通率提高到 98％以上，则至少需要安装 4 个通话模块．

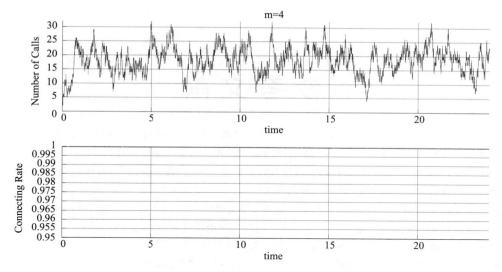

图 9-20　4 个通话模块

通过更改各个参数，我们可以模拟不同的情况．例如，平均通话时间从 10 分钟减少为 5 分钟，我们只要将 v 从 1/6 改为 1/12，重新运行程序，得到图 9-21．

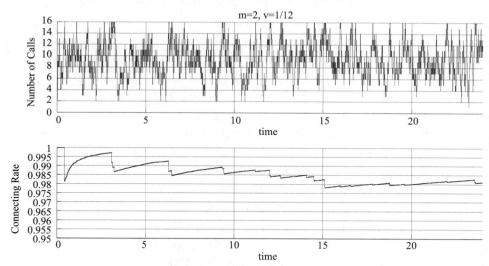

图 9-21　2 个通话模块，平均通话时长 5 分钟

从图 9-21 中我们可以看到，此时 2 个通信模块就已经基本可以满足 98% 的接通率要求了．

参 考 文 献

[1] 张志刚，王兵团，等．MATLAB 与数学实验［M］.2 版．北京：中国铁道出版社，2006.

[2] 张志勇，等．掌握与精通 MATLAB［M］.北京：北京航空航天大学出版社，1998.

[3] 王兵团，等．Mathematica 数学软件简明教程与数学实验［M］.北京：中国铁道出版社，2002.

[4] 张培强．MATLAB 语言［M］.合肥：中国科学技术大学出版社，1995.

[5] 许波．MatLab 工程数学应用［M］.北京：清华大学出版社，2000.

[6] 龚剑．MATLAB5.X 入门与提高［M］.北京：清华大学出版社，2000.

[7] 萧树铁，等．数学实验［M］.2 版．北京：高等教育出版社，2006.

[8] 同济大学数学教研室编．线性代数［M］.3 版．北京：高等教育出版社，2000.

[9] 同济大学数学教研室编．高等数学［M］.4 版．北京：高等教育出版社，1999.

[10] 张宜华．精通 MATLAB5［M］.北京：清华大学出版社，1999.

[11] 陈杰．MATLAB 宝典［M］.北京：电子工业出版社，2007.

[12] 董辰辉，彭雪峰．MATLAB2008 全程指南［M］.北京：电子工业出版社，2009.

[13] 肖海军．数学实验初步［M］.北京：科学出版社，2007.

[14] 谭浩强．C 程序设计［M］.北京：清华大学出版社，2003.

[15] 李继成．数学实验［M］.北京：高等教育出版社，2006.

[16] 蔡光兴，金裕红．大学数学实验［M］.北京：科学出版社，2007.

[17] 晏林．数学与实验：MATLAB 与 QBASIC 应用［M］.北京：科学出版社，2005.

[18] 姜启源，等．大学数学实验［M］.北京：清华大学出版社，2005.

[19] 王向东，等．数学实验［M］.北京：高等教育出版社，2004.

[20] 周本虎，等．MATLAB 与数学实验［M］.北京：中国林业出版社，2007.

[21] 李继成，等．数学实验［M］.西安：西安交通大学出版社，2005.

[22] 李秀珍，庞常词．数学实验［M］.北京：机械工业出版社，2008.

[23] 堵秀凤，等．数学实验［M］.北京：科学出版社，2009.

[24] 李贤平，等．概率论与数理统计［M］.上海：复旦大学出版社，2003.

[25] 盛骤，等．概率论与数理统计［M］.3 版．北京：高等教育出版社，2001.

[26] 曹戈，等．MATLAB 教程及实训［M］.北京：机械工业出版社，2008.

[27] 郭仕剑，邱志模，等．MATLAB 入门与实践［M］.北京：人民邮电出版社，2008.

[28] 刘慧颖．MATLAB R2006a 基础教程［M］.北京：清华大学出版社，2007.